面向21世纪课程教材配套实验教程

动物营养学实验教程

袁　缨　主编

中国农业大学出版社
·北京·

编写人员

主　编　袁　缨（沈阳农业大学）

副主编　赵国先（河北农业大学）

卢春莲（河北农业大学）

兰云贤（西南大学）

编　者　胡忠泽（安徽科技学院）

潘　珂（江西农业大学）

车向荣（山西农业大学）

刘　强（山西农业大学）

武晓红（河南科技大学）

序

本书包括三部分内容:饲料营养成分分析(包括热能测定)、畜禽的消化代谢实验和畜禽饲养试验设计。在学习这些实验内容之前,必须掌握有关的基本理论、基本知识和基本操作技能,包括与实验内容有关的数学、物理、化学知识,分析测试和实验室安全知识,动物生理、生物化学、生物统计与试验设计知识等。

由于动物营养学、生物化学、动物生理学等基础理论科学的发展,动物营养学的研究方法已经融入了现代仪器分析,如氨基酸自动分析、气相和液相色谱分析、原子吸收光谱、近红外光谱分析以及分子生物学技术等,这些知识可参考有关的专门书籍。本教材的实验内容是为培养学生掌握上述研究方法的基本技能和相关知识的积累而设计的。

畜禽的消化代谢试验和饲养试验是研究营养物质在畜禽体内消化、吸收、代谢转化为动物产品的最基本方法。在本实验课程中,学生必须独立操作,从而得到严格的技能训练。

一、对动物营养学实验室的要求

在进行动物营养学实验课的教学工作时,应建立两类实验室:一类是营养成分分析实验室,可进行营养成分分析实验内容的教学;另一类是动物饲养实验室,可进行动物消化代谢试验、饲养试验方面的实验教学。

二、对学生进行动物营养学实验的要求

(一)如何上好实验课

本实验教程的每个实验一般包括的内容为目的和要求、基本原理、实验仪器和材料、操作要领、结果和数据处理及思考题等。

学生在进行实验之前,必须预习实验课内容,明确实验的目的,掌握有关实验的理论知识、原理和要求。仔细阅读操作步骤,并把准备工作做完(包括准备工作的检查在内)。应清楚地知道你要做什么和为什么要这样做。要养成严谨的科学态度,避免忙乱,浪费时间。

在实验室中学生应培养自己具备以下素质:

(1)实验开始之前,认真检查实验所需仪器设备及材料是否齐备,然后再开始实验。

(2)实验过程中,要有计划地操作并细致认真地观察实验现象,利用间隙时间完成一些零星工作,如洗涤仪器、计算结果等。

(3)实验过程中,要使用清洁的仪器,并保持实验台整洁。

(4)实验过程中发现问题时,应先自己试行分析、查找原因,事后及时与教师讨论解决。

(5)认真记录实验数据,结果计算前必须理解计算公式的原理。

(二)实验报告的要求

在实验过程中要严格按照操作步骤进行操作,并随时记录观察到的现象和实验数据,不能随便涂改实验数据。实验完毕应对数据及时进行整理、统计,计算结果写成实验报告。

实验报告应具备科学、书写详尽和文字通顺的特点。实验报告一般应包括下列内容:

(1)实验日期。

(2)实验题目。

(3)实验目的——应简明扼要地叙述本次实验所要说明的问题。

(4)操作步骤——应详尽地叙述实验的操作过程和所观察到的一切情况,便于在重复此项实验时作参考。

(5)结果——详细记录所得数据,并将计算结果列成表格或绘成曲线,便于做进一步的分析与讨论。

(6)分析讨论及结论——应简要总括所得结论,可能时,应与文献资料或课堂学习材料,进行比较与分析。

(7)思考题——应做简单扼要的回答。

三、动物营养学实验室基本知识

(1)实验室需保持清洁整齐,在饲养、营养分析实验工作中,必须做好清洁工作。凡是定量、生化分析工作所应注意的事项,在本试验工作中都应注意。

仪器药品的放置应有次序,试剂药品应避免洒在桌面或地上。玻璃仪器每次用后,应随时洗净、烘干。饲料、粪、尿、血液、乳、肉等材料,在采取样本完毕后立即清除。实验室、实验工作服、抹布等要保持清洁整齐。实验完成后,揩净桌面、地面,物归原处,才能离开实验室。

(2)使用的玻璃仪器必须干净。实验时产生的废液(高温液体冷却后)倒入水槽中,放水冲走;强酸强碱溶液必须先用水稀释,然后倒入废液缸内,切勿倒入水槽,以免腐蚀水管;固体物如滤纸、火柴头、残渣及其他废物应倒入指定的垃圾桶中,不得投入水槽。

(3)实验操作过程中要注意人身安全,凡发生烟雾或有毒、有臭味气体的实验操作,必须在通风橱中进行。避免与有毒有害气体直接接触。

(4)在使用煤气灯时,应先将火柴划着,一手执火柴进火口,另一手慢慢开煤气截门。切勿先开气门,而后再点火柴。熄火时,先关闭气门,火焰自灭。一切按操作规程进行。

使用易燃药品时,如乙醇、丙酮、石油醚、酒精等,应远离明火,以防着火,引起火灾;使用煤气、电炉、酒精灯、石油液化气时,人不得远离。用毕应及时关闭、灭火。在使用高温电熔炉时,一般不超过650℃(特殊情况例外)。夜间使用时,须有值班人员负责。

实验室中应备有必要的急救箱和灭火器。

(5)使用恒温箱或冰箱时,应注意保持恒温箱或冰箱的严密。取放物体样本时,须随手轻开轻关,切勿随意开闭。在恒温箱或冰箱内存放物品,必须写明存放人姓名、日期等,以免混淆。

(6)一些精密仪器如分析天平、离心机、分光光度计、氧弹测热计、氨基酸自动分析仪等应有专人负责管理。使用前必须熟读使用方法,必须在教师指导下严格按操作规程使用。遇有问题,应随时请教教师,不得任意拆弄。

(7)取用试剂或标准溶液,用毕须立即将原瓶盖严,放回原处。自瓶中取出的试剂如未用尽,切勿倒回瓶内,以免掺混。

配制的试剂,必须贴上标签,注明试剂名称、浓度、配置日期。其他样本瓶上也应贴有注明细标签。

(8)进行实验室必须注意节约电、水、试剂、药品等。不要浪费滤纸及其他消耗物品,养成节约的良好习惯。

不要损坏仪器。遇有损坏仪器时，应立即报告教师，说明情况。遇有任何意外，应保持冷静，采取应急措施。

(9)禁止在实验室吸烟。使用电学仪器应先检查线路是否正确，电压是否相符。用毕即行关掉电源。

管理实验动物必须认真负责。饲喂、清扫等一切工作，须按动物实验室要求进行。严格执行交接班制度。

四、分析结果的误差

(一)关于实验样品的规定

(1)实验样品的平均水分含量须控制在7%～12%之间，以免水少时吸水，水多时发霉。

(2)实验样品必须保存在密封的样品瓶内，一般规定应在2周内把全部成分分析完毕。否则样品因吸水或失水，影响分析结果。

(二)分析结果的误差

分析结果得出后，首先要检验是否符合要求，即是否在规定的误差范围内。如果不超出所规定的误差，所得的结果是可靠的，否则是不可靠的，要重新测定。测定项目不同，所用的方法不同，允许的误差也不同。

根据误差的来源可把误差分为2种：系统误差，如仪器、试剂、方法、个人误差；偶然误差，如由温度、气压、电压偶然变化引起的误差。系统误差是决定测定结果准确度的因素。偶然误差是决定精密度的因素。消除系统误差的方法是设置对照试验和空白试验。消除偶然误差的方法是设置2次以上的重复。

1. 准确度与误差

(1)准确度：表示测定值与真值相接近的程度。

(2)误差：准确度的高低用误差来衡量。误差表示测定值(x)或测定值的平均值($\bar{x}$)与真值(T)之间的差异。准确度有2种表示方法：绝对误差和相对误差。

$$绝对误差=测定值(x)-真值(T)$$

$$相对误差=\frac{测定值(x)-真值(T)}{真值(T)}\times 100\%$$

误差小，说明测定的准确度高，实验结果好。反之，误差大，说明测定的准确度低。

2. 精密度与偏差

精密度：指用相同方法对同一个试样平行测定几次，所得分析结果彼此间接近的程度。即分析结果重现性好坏的程度。偏差是测定值偏离算术平均值($\bar{x}$)的程度，用于表示分析结果的精密度。

$$绝对偏差(d_i)=个别测定值(x_i)-平均值(\bar{x})$$

$$相对偏差=\frac{个别测定值(x_i)-平均值(\bar{x})}{平均值(\bar{x})}\times 100\%$$

$$平均偏差(\bar{d})=\frac{|d_1|+|d_2|+\cdots+|d_n|}{n}=\frac{\sum_{i=1}^{n}|d_i|}{n}$$

$$相对平均偏差=\frac{\overline{d}}{\overline{x}}\times 100\%$$

一般分析中常用平均偏差($\overline{d}$)或相对平均偏差来衡量一组测定值的精密度。

误差和偏差虽有不同的含义,但二者又难以截然区分,即使由许多分析技术水平较高的人员进行多次仔细测定所得的“真实结果”,实质上还是一个实测的“平均值”,用来计算误差,实质上还是偏差。

在一般的分析中通常只做2次平行测定,为简单计,可以用2个数值的“相差”(绝对相差或相对相差,都不计正、负号)来说明分析结果的符合程度。

$$绝对相差=分析结果_1-分析结果_2$$

$$相对相差=\frac{分析结果_1-分析结果_2}{平均值}\times 100\%$$

前　言

本教材适用于高等农业院校畜牧、动物科学、动物营养与饲料加工、草业科学、水产养殖等专业的本、专科生和研究生，也可作为科研单位、饲料加工企业以及饲料科技工作者作为参考用书。

本教材结合面向21世纪课程教材《动物营养学》的教学内容，以全国高等农业院校试用教材《家畜饲养学实验指导》(1979年)为基础，由沈阳农业大学、西南大学、河北农业大学、安徽科技学院、江西农业大学、山西农业大学和河南科技大学等7所大学中长期从事动物营养学教学和研究工作的专家和教授编写。编写成员认真负责，为保证教材质量，从教材的编写大纲到每一个实验内容都进行了反复讨论和修改。

党的二十大报告指出，“为全面建成社会主义现代化强国、实现第二个百年奋斗目标，以中国式现代化全面推进中华民族伟大复兴。”“培养造就大批德才兼备的高素质人才，是国家和民族长远发展大计。”为了适应动物生产对动物营养学科和饲料分析检测技术方法研究的更高需求，使学生更好地了解动物营养学科的前沿知识，在编写过程中我们力求反映20世纪90年代以来有关动物营养学中饲料营养价值评定方法的研究进展。虽然现代化分析仪器在这一领域中的应用越来越广泛，但是现代精密仪器的使用，对样品的预处理要求更高，同样对学生分析化学的基本理论知识和操作技能的要求也更加严格。因此本教材编写的原则是加强学生基础理论和基本操作技能的训练，培养学生动手能力和基本分析技能。

本教材内容包括饲料营养成分分析、畜禽的消化代谢试验和畜禽饲养试验设计三部分。为启发学生思考、扩大知识面，在每个实验的后面都列有思考题，并附参考文献，以便查阅。全书共3章19个实验。

因编者水平有限，书中不足之处，恳请采用本教材的老师和同学多多提出意见，以便再版修订时进一步完善。

编　者

2023年10月

目　　录

第一章　饲料营养成分分析

饲料和动物产品的营养成分分析分为概略养分分析和纯养分分析。概略养分分析一般又称为化学分析、常规分析或近似分析，是目前国际上通用的 Weende 系统分析方法。首先应用于德国，迄今已有 100 多年的历史。概略养分分析包括：水分、粗蛋白质、粗脂肪、粗纤维、粗灰分和无氮浸出物 6 个项目。每一部分都不是单一的化合物。这种方法的优点是设备简单，操作容易，根据近似成分的数量及其间的互相关系，可以概略地确定某种饲料的营养价值，并作为进一步分析的基础。概略养分分析主要缺点是：①粗蛋白质含量是根据氮含量估计的，以氮含量乘以 6.25 换算为粗蛋白质（按蛋白质平均含氮 16%计算）。但是很多饲料和动物产品样品中含有非蛋白质的氮，计算结果有一定偏差。②粗纤维的测定方法误差大，不能准确反应植物细胞壁中的纤维素、半纤维素和木质素的含量。③粗脂肪、无氮浸出物也不能真实反映出酯类和可溶性糖的含量。④粗灰分含量的分析，在营养上的意义不大。

随着营养科学、现代分析技术和分析仪器的发展，动物的营养研究发展很快，对饲料和动物产品的营养成分分析会有更高的要求，所以纯养分分析被广泛采用。纯养分分析包括：氨基酸、脂肪酸、各种可溶性多糖及寡糖、各种矿物元素（常量元素和微量元素）、维生素等。20 世纪 80 年代以来，一些近代分析方法和仪器已广泛用于纯养分分析中，如氨基酸分析仪、原子吸收分光光度计、气相色谱仪、高压液相色谱仪、薄层色谱法、荧光法、紫外光谱法、红外光谱法、极谱法等。本章主要介绍概略养分分析技术和部分纯养分分析方法。通过熟悉掌握这些分析技术和方法，锻炼和培养严谨的科学研究技能。

第一节　饲料样品的采集与制备

实验一　样品的采集

一、原理

从待测饲料原料或产品中获取一定数量具有代表性的部分作为样品的过程称为采样。采样必须具有真正的代表性和均匀性。必须从待分析的大量饲料或饲料原料中，从各个部分取出能够代表整批饲料、饲料原料质量的小样。

从一批饲料、饲料原料中的各个不同部位、不同深度和广度，采集少量相同的、能够代表该批饲料或饲料原料的小样，混合在一起称为原始样品。然后从中分出一小部分作为分析样本之用。其最后分析的结果就作为整个被采取样本饲料的平均值。饲料分析中，采样点不少于 5 个点，各点采样量不低于 200 g。过多的采样点和采样量不仅没有必要，还会增加操作手续，故应合理控制。另外，采样点的分布要合理。保证采样准确的措施有：正确的采样方法、熟练的采样技能、严格的管理。采样常用方法有“四分法”和“几何法”。

二、仪器与设备

采样工具种类很多，但必须符合以下两点：能够采集饲料中的任何粒度的颗粒，无选择性；对饲料样品无污染（不增加样品中微量金属元素的含量或引入外来生物或霉菌毒素）的要求。目前使用的采样工具主要有以下几种。

（一）探针采样器

探针采样器也叫探管或探枪（probe），是最常用的干物料采样工具。其规格有多种，有带槽的单管或双管，具有锐利的尖端（图 1-1）。

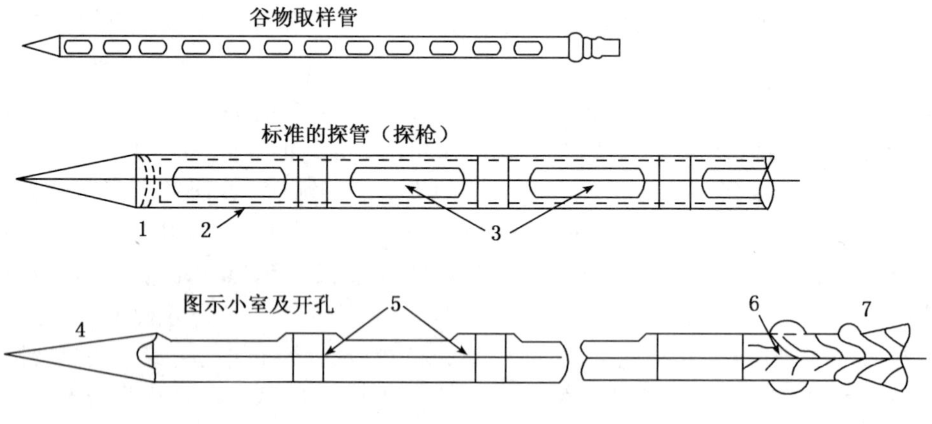

1. 外层套管　2. 内层套管　3. 分隔小室　4. 尖顶端　5. 小室间隔　6. 锁扣　7. 固定木柄

图 1-1　谷物取样器（探管）

（二）锥形袋式取样器

该种取样器（图 1-2）是用不锈钢制作的，具有一个尖头、锥形体和一个开启的进料口。

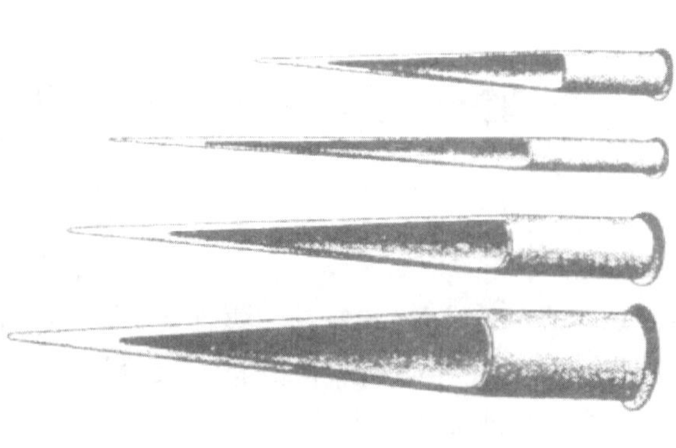

图 1-2　锥形袋式取样器

（三）液体采样器

1. 空心探针　实际上是一个镀镍或不锈钢的金属管，直径为 25 mm，长度为 750 mm，管壁有长度为 715 mm、宽度为 18 mm 的孔，孔边缘圆滑，管下端为圆锥形，与内壁成 15°角，管上端装有把柄。常用做桶和小型容器的采样。

2. 炸弹式或区层式采样器（图 1-3） 为密闭的圆柱体，可用做散装罐的液体采样，能从储存罐的任何指定区域采样。当到达储罐底部时，一个阀提起，或如果从中间的深度取样时，它可由一根连在该阀的柱塞上的绳子手动提起。

（四）自动采样器

自动采样器可安装在饲料厂的输送管道、分级筛或打包机等处，能够定时、定量采集样品。自动采样器适合于大型饲料企业，其种类很多，可根据物料类型和特性、输送设备等进行选择。

（五）其他采样器

剪刀（或切草机）、刀、铲、短柄或长柄勺等也是常用的采样器具。

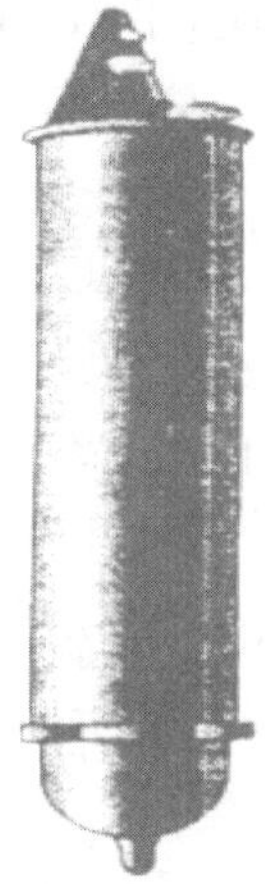

图 1-3 炸弹式采样器

三、样品的采集

（一）采样的目的

样品的采集是饲料分析的第一步。采样的根本目的是通过对样品的理化指标的分析，客观反映受检饲料原料或产品的品质。

（二）采样的要求

1. 样品必须具有代表性 受检饲料容积和质量往往都很大，而分析时所用样品仅为其中的很小一部分，所以样品采集的正确与否决定分析样品的代表性，直接影响分析结果的准确性。因此，在采样时，应根据分析要求，遵循正确的采样技术，并详细注明饲料样品的情况，使采集的样品具有足够的代表性，使采样引起的误差减至最低限度，使所得分析结果能为生产实际所参考和应用。

2. 必须采用正确的采样方法 正确的采样应该从具有不同代表性的区域取几个样点，然后把这些样品充分混合成为整个饲料的代表样品，然后再从中分出一小部分作为分析样品用。采样过程中，做到随机、客观，避免人为和主观因素的影响。

3. 样品必须有一定的数量 不同的饲料原料和产品要求采集的样品数量不同，主要取决于以下几个因素。

（1）饲料原料和产品的水分含量。水分含量高，则采集的样品应多，以便干燥后的样品数量能够满足各项分析测定要求；反之，水分含量少，则采集的样品可相应减少。

（2）原料或产品的颗粒大小和均匀度。原料颗粒大，均匀度差，则采集的样品应多。

（3）平行样品的数量。同一样品的平行样品数量越多，则采集的样品数量就越多。

（三）采样步骤和基本方法

1. 采样的步骤

（1）采样前记录。采样前，必须记录与原料或产品相关的资料，如生产厂家、生产日期、批号、种类、总量、包装堆积形式、运输情况、储存条件和时间、有关单据和证明、包装是否完整、有无变形、破损、霉变等。

（2）原始样品采集。也叫初级样品，是从生产现场如田间、牧地、仓库、青贮窖、试验场等的一批受检的饲料或原料中最初采取的样品。原始样品应尽量从大批(或大数量)饲料或大面积牧地上,按照不同的部位即深度和广度来分别采取一部分,然后混合而成。原始样品一般不得少于 2 kg。

(3)次级样品。也叫平均样品,是将原始样品混合均匀或简单地剪碎混匀后,从中取出的样品。平均样品一般不少于 1 kg。

(4)分析样品。也叫试验样品。次级样品经过粉碎、混匀等制备处理后,从中取出的一部分即为分析样品,用做样品分析。分析样品的数量可根据分析指标和测定方法要求而定。

2. 采样基本方法　虽然采样的方法随不同的物品而不同,但一般来说,采样的基本方法有 2 种:几何法和四分法。

(1)几何法。指把整个一堆物品看成一种具有规则的几何立体,如立方体、圆柱体、圆锥体等。取样时首先把这个立体分成若干体积相等的部分(虽然实际不便去做,但至少可以在想像中将其分开),这些部分必须在全体中分布均匀,即不只是在表面或只是在一面。从这些部分中取出体积相等的样品,这些部分的样品称为支样,再把这些支样混合即得样品。

几何法常用于采集原始样品和大批量的原料。

(2)四分法。是指将样品平铺在一张平坦而光滑的方形纸或塑料布、帆布、漆布(大小视样品的多少而定)上,提起一角,使饲料流向对角,随即提起对角使其流回,使饲料反复移动混合均匀,然后将饲料堆成等厚的正四方形体或圆锥,用药铲、刀子或其他适当器具,在饲料样品方体上划一"十"字形,将样品分成 4 等份,任意弃去对角的 2 份,将剩余的 2 份混合,继续按前述方法混合均匀、缩分,直至剩余样品数量与测定所需要的用量相接近时为止,如图 1-4 所示。首先将大量的子实、粉末在洁净的地板上堆成锥形,然后用铲将堆移至另一处,移动时将每一铲饲料倒于前一铲饲料之上,这样使子实、粉末由锥顶向下流动到周围,如此反复移动 3 次以上,即可混合均匀。最后,将饲料堆成圆锥形,将顶部略略压平呈圆台状,再从上部中间分割为"十"字形的 4 等份,弃去对角线的两部分,缩减 1/2,然后,如上法缩减至适当数量为止。

1. 将均匀样品堆成圆锥形

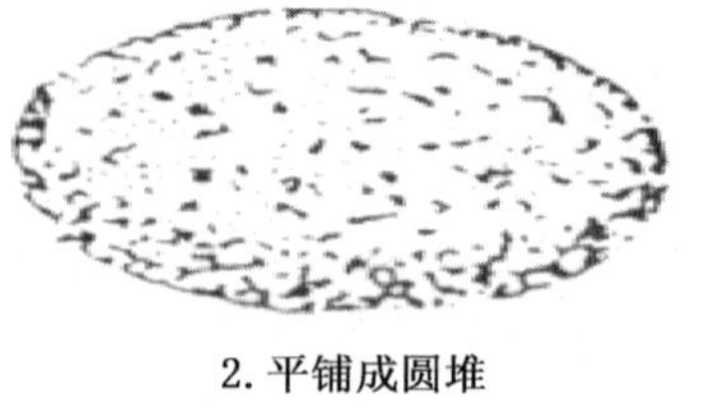

2. 平铺成圆堆

3. 分成四等份

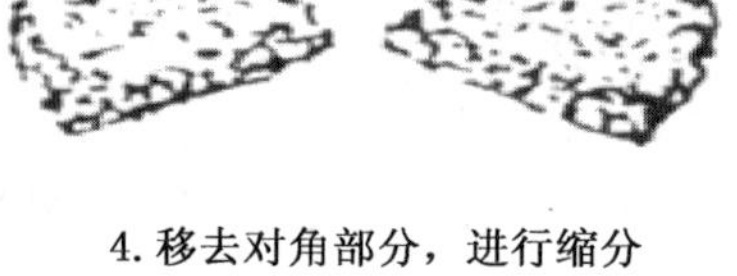

4. 移去对角部分，进行缩分

图 1-4　四分法示意图

对粉末状、均匀度高的样品，可直接通过四分法采集分析样品，一般在 500 g 左右。对颗粒大、均匀度不好的饲料如子实饲料，通过四分法可从原始样品中采集次级样品。次级样品至少在 1 kg 左右。

3. 不同饲料样品的采集　不同饲料样品的采集因饲料原料或产品的性质、状态、颗粒大小或包装方式不同而异。

(1)粉状和颗粒饲料

①散装：散装的原料应在机械运输过程中的不同场所(如滑运道、传送带)取样。如果在机械运输过程中未能取样，则可用探管取样，但应避免因饲料原料不匀而造成的错误取样。

取样时，用探针从距边缘 0.5 m 的不同部位分别取样，然后混合即得原始样品。取样点的分布和数目取决于装载的数量，见图 1-5。也可在卸车时用长柄勺、自动选样器或机器选样器等，间隔相等时间，截断落下的料流取样，然后混合得原始样品。

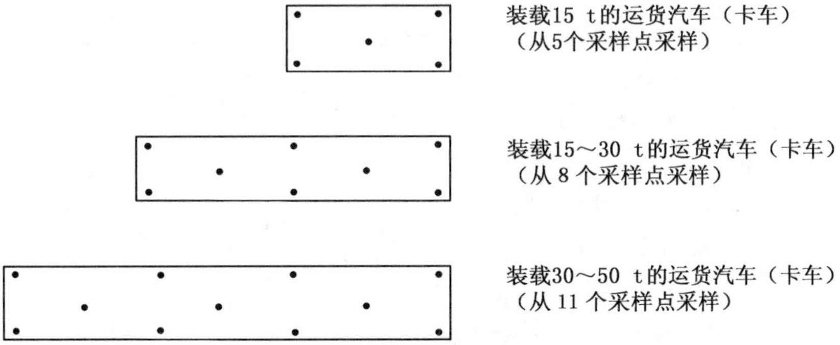

图 1-5　散装料取样示意图

②袋装：用抽样锥随意从不同袋中分别取样，然后混合得到原始样品。每批采样的袋数取决于总袋数、颗粒大小和均匀度，取样袋数至少为总袋数的 10%，也可以按计算得出，$\sqrt{总袋数/2}$ 为中小颗粒饲料。玉米、大麦等取样的袋数不少于总袋数的 5%；粉状饲料取样袋数不少于总袋数的 3%。总袋数在 100 袋以下，取样不少于 10 袋，每增加 100 袋需增加 1 袋。

取样时，用口袋探针从口袋的上下两个部位采样，或将袋平放，将探针的槽口向下，从袋口的一角按对角线方向插入袋中，然后转动器柄使槽口向上，抽出探针，取出样品。

大袋的颗粒饲料在采样时，可采取倒袋和拆袋相结合的方法取样，倒袋和拆袋的比例为 1∶4。倒袋时，先将取样袋放在洁净的样布或地面上，拆去袋口缝线，缓慢放倒，双手紧握袋底两角，提起约 50 cm 高，边拖边倒，至 1.5 m 远全部倒出，用取样铲从相当于袋的中部和底部取样，每袋各点取样数量应一致，然后混匀。拆袋时，将袋口缝线拆开 3～5 针，用取样铲从上部取出所需样品，每袋取样数量一致。将倒袋和拆袋采集的样品混合即得原始样品。

③仓装：一种方法是当原始样品在饲料进入包装车间或成品库的流水线或传送带上、储塔下、料斗下、秤上或工艺设备上时采集。具体方法是：用长柄勺、自动或机械式选样器，每相同间隔时间截断落下的饲料流。间隔时间应根据产品移动的速度来确定，同时要考虑每

批选取的原始样品的总量。对于饲料级磷酸盐、动物性饲料粉和鱼粉应不少于 2 kg，而其他饲料产品则不低于 4 kg。另一种方法是针对储藏在饲料库中的散状产品的原始样品。具体方法是：按高度分层采样，即采样前将层表面划分为 6 个等份，在每一部分的四方形对角线的四角和交叉点 5 个不同地方采样。料层厚度在 0.75 m 以下时，从 2 层中选取，即从距料层表面 10～15 cm 深处的上层和靠近地面的下层选取；当料层厚度在 0.75 m 以上时，从 3 层中选取，即从距料层表面 10～15 cm 深处的上层、中层和靠近地面的下层选取，采集时从上而下进行。料堆边缘的点应距边缘 50 cm 处，底层距底部 20 cm。

圆仓可按高度分层，每层分内（中心）、中（半径的一半处）、外（距仓边 30 cm 左右）3 圈。圆仓直径在 8 m 以下时，每层按内、中、外分别采 1，2，4 个点，共 7 个点；直径在 8 m 以上时，每层按内、中、外分别采 1，4，8 个点，共 13 个点。将各点样品混匀即得原始样品。

（2）液体或半固体饲料

①液体饲料：桶或瓶装的植物油等液体饲料应从不同的包装单位（桶或瓶）中分别取样，然后混合。取样的桶数如下：

7 桶以下，取样桶数不少于 5 桶。

10 桶以下，取样桶数不少于 7 桶。

10～50 桶，取样桶数不少于 10 桶。

51～100 桶，取样桶数不少于 15 桶。

101 桶以上，按不少于总桶数的 15%抽取。

取样时，将桶内饲料搅拌均匀（或摇匀），然后将空心探针缓慢地自桶口插至桶底，然后堵压上口提出探针，将液体饲料注入样品瓶内混匀。

对散装（大池或大桶）的液体饲料按散装液体高度分上、中、下 3 层分层布点取样。上层距液面约 40 cm 处，中层设在液体中间，下层距池底 40 cm 处，3 层采样数量的比例为 1∶3∶1（卧式液池），车槽为 1∶8∶1。采样时，用液体取样器在不同部位采样，并将各部位采集的样品进行混合，即得原始样品。原始样品的数量取决于总量，总量在 500 t 以下，应不少于 1.5 kg；总量为 501～1 000 t，应不少于 2.0 kg；总量在 1 001 t 以上，应不少于 4.0 kg。原始样品混匀后，再采集 1 kg 做次级样品备用。

②固体油脂：对在常温下呈固体的动物性油脂的采样，可参照固体饲料采样方法，但原始样品应通过加热熔化混匀后，才能采集次级样品。

③黏性液体：黏性浓稠饲料如糖蜜，可在卸料过程中采用抓取法，即定时用勺等器具随机采样。原始样品数量应为总量 1 t 至少采集 1 L。原始样品充分混匀后，即可采集次级样品。

（3）块饼类。块饼类饲料的采样依块饼的大小而异。

大块状饲料：从不同的堆积部位选取，不少于 5 大块，然后从每块中切取对角的小三角形（图 1-6），将全部小三角形块捶碎混合后得原始样品，然后再用四分法取分析样品 200 g 左右。

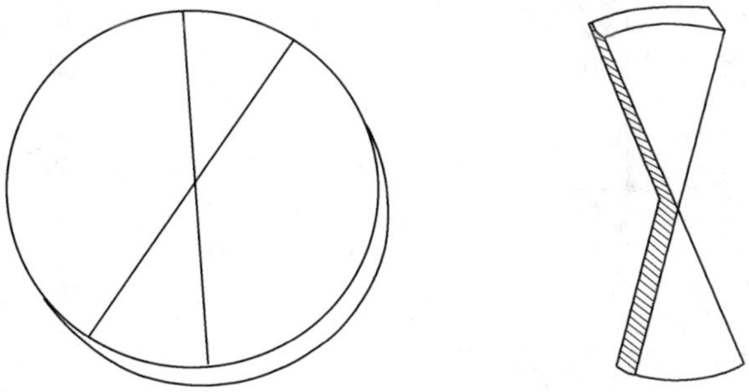

图 1-6 块饼类饲料采样示意图

小块的油粕，要选取具有代表性者数十片（25～30 片），粉碎后充分混合得原始样品，再用四分法取分析样品 200 g 左右。

（4）副食及酿造加工副产品。此类饲料包括酒糟、醋糟、粉渣和豆渣等。取样方法是：在储藏池、木桶或贮堆中分上、中、下 3 层取样。视池、桶或堆的大小每层取 5～10 个点，每点取 100 g 放入瓷桶内充分混合得原始样品，然后从中随机取分析样品约 1 500 g，用 200 g 测定其初水分，其余放入大瓷盘中，在 60～65℃恒温干燥箱中干燥供制风干样品用。

对豆渣和粉渣等含水较多的样品，在采样过程中应注意避免汁液损失。

（5）块根、块茎和瓜类。这类饲料的特点是含水量大，由不均匀的大体积单位组成。采样时，通过采集多个单独样品来消除每个个体间的差异。样品个数的多少，根据样品的种类和成熟的均匀度以及所需测定的营养成分而定，见表 1-1。

表 1-1 块根、块茎和瓜类取样数量

种类	个数/个	种类	个数/个
一般块根、块茎饲料	10～20	胡萝卜	20
马铃薯	50	南瓜	10

采样时，从田间或储藏窖内随机分点采取原始样品 15 kg，按大、中、小分堆称重求出比例，按比例取 5 kg 次级样品。先用水洗干净，洗涤时注意勿损伤样品的外皮，洗涤后用布拭去表面的水分。然后，从各个块根的顶端至根部纵切具有代表性的对角 1/4，1/8 或 1/16 等，直至适量的分析样品。迅速切碎后混合均匀，取 300 g 左右测定初水分，其余样品平铺于洁净的瓷盘内或用线串联，置于阴凉通风处风干 2～3 d，然后在 60～65℃的恒温干燥箱中烘干备用。

（6）新鲜青绿饲料及水生饲料。新鲜青绿饲料包括天然牧草、蔬菜类、作物的茎叶和藤蔓等。一般取样是在天然牧地或田间，在大面积的牧地上应根据牧地类型划区分点采样（图 1-7）。每区选 5 个以上的点，每点为 1 m 的范围，在此范围内离地面 3～4 cm 处割取牧草，除去不可食草，将各点原始样品剪碎，混合均匀得原始样品。然后，按四分法取分析样品 500～1 000 g，取 300～500 g 用于测定初水，一部分立即用于测定胡萝卜素等，其余在 60～65℃的恒温干燥箱中烘干备用。

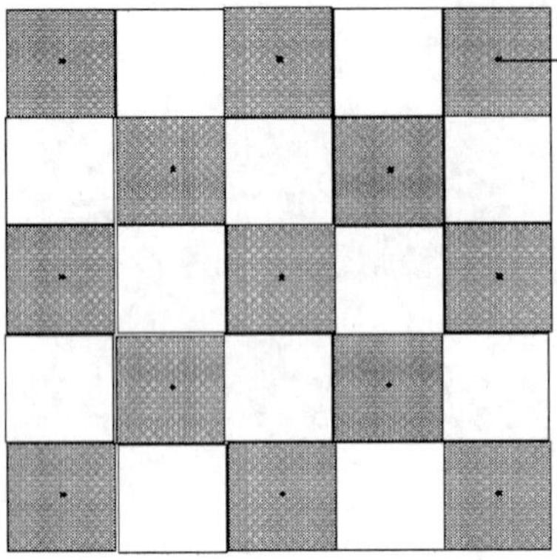

图 1-7　草地及田间采样示意图

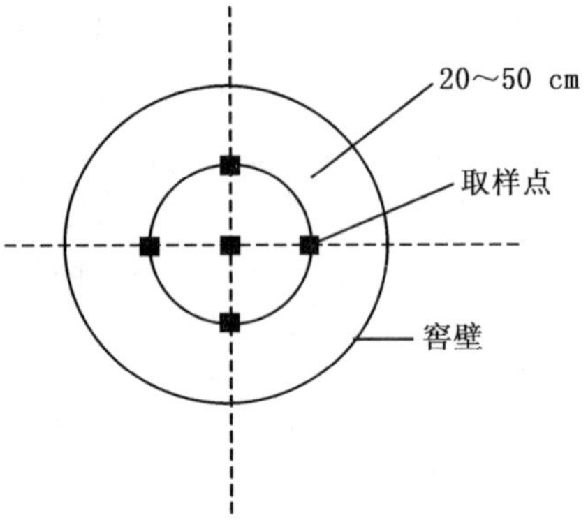

图 1-8　圆形青贮窖采样部位示意图

栽培的青绿饲料应视田块的大小，按上述方法等距离分点，每点采数株(≥1)，切碎混合后取分析样品。该方法也适用于水生饲料，但注意采样后应晾干样品外表游离水分，然后切碎取分析样品。

(7)青贮饲料。青贮饲料的样品一般在圆形窖、青贮塔或长形壕内采样。取样前应除去覆盖的泥土、秸秆以及发霉变质的青饲料。原始样品质量为 500～1 000 g，长形青贮壕的采样点视青贮壕长度大小分为若干段，每段设采样点分层取样(图 1-8 和图 1-9)。

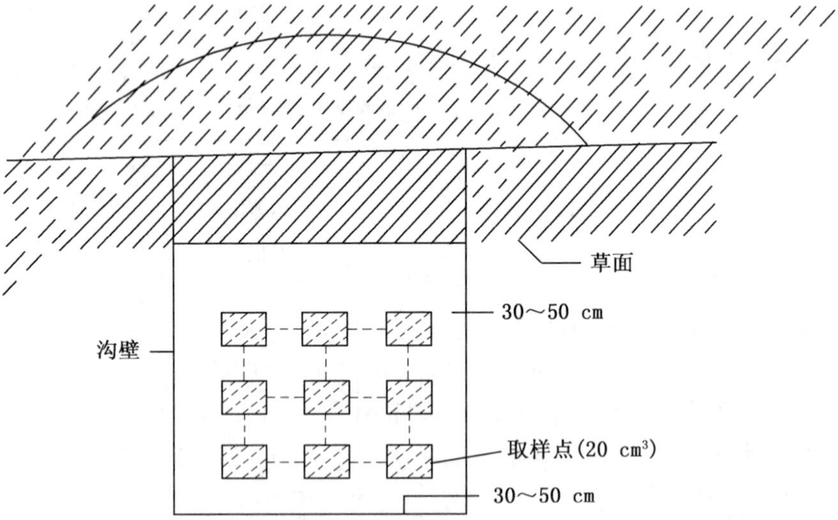

图 1-9　长形青贮壕采样部位示意图

(8)粗饲料。这类饲料包括秸秆及干草类。取样方法：在存放秸秆或干草的堆垛中选取 5 个以上不同部位的点采样(即采用几何法取样)，每点采样 200 g 左右。由于干草的叶子极易脱落，影响其营养成分的含量，故采样时应尽量避免叶子的脱落，采取完整或具有代表性的样品，保持原料中茎叶的比例。然后将采取的原始样品放在纸或塑料布上，剪成 1～2 cm 长度，充分混合后取分析样品约 300 g，粉碎过筛。少量难粉碎的秸秆渣应尽量捶碎弄细，并混入全部分析样品中，充分混合均匀后装入样品瓶中，切记不能丢弃。

实验二 样品的制备

将所采样品经过干燥、磨碎和混合处理，以便进行理化分析的过程称为样品的制备。样品的制备包括烘干、粉碎和混匀。制备成的样品可分为半干样品和风干样品。

一、风干样品的制备

风干饲料是指自然含水量不高的饲料，一般含水在15%以下，如玉米、小麦等作物子实、糠麸、青干草、藁秕、配合饲料等。

风干样品的制备过程包括如下3个过程。

1. 原始样品的采集　按照几何法和四分法采集。

2. 次级样品的采集　对不均匀的原始样品如干草、秸秆等，可经一定处理如剪碎或捶碎等混匀，按四分法采集次级样品。对均匀的样品如玉米、粉料等，可直接用四分法采集次级样品。

3. 分析样品制备

(1)制备设备。常用样品制备的粉碎设备有植物样本粉碎机、旋风磨、咖啡磨和滚筒式样品粉碎机(图2-1)。其中最常用的有植物样本粉碎机和旋风磨。植物样本粉碎机易清洗，不会过热及使水分发生明显变化，能使样品经研磨后完全通过适当筛孔的筛。旋风磨粉碎效率较高，但在粉碎过程中水分有损失，需注意校正。

磨的筛网的孔径大小一定要与检验用的大小相同。粉碎粒度的大小直接影响分析结果的准确性。

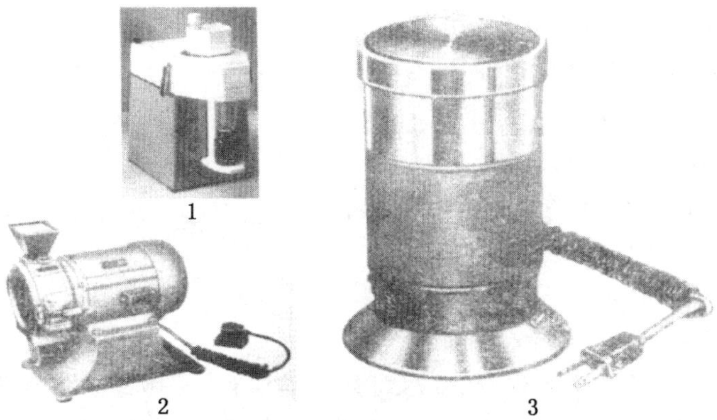

1.旋风磨　2.植物样本粉碎机　3.咖啡磨

图2-1　常见的样品粉碎磨类型

(2)制备过程。次级样品用饲料样品粉碎机粉碎，通过孔径为1.00～0.25 mm孔筛的即得分析样品。主要分析指标，即样品粉碎粒度的要求见表2-1。注意：不易粉碎的粗饲料如秸秆渣等，在粉碎机中会剩留极少量，难以通过筛孔，这部分不应抛弃，应尽力弄碎，如用剪刀仔细剪碎后一并均匀混入样品中，避免引起分析误差。将粉碎完毕的样品 200～500 g 装入磨口广口瓶内保存备用，并注明样品名称、制样日期和制样人等。

表 2-1 样品粉碎粒度的要求

指 标	分析筛规格/目	筛孔直径/mm
水、粗蛋白、粗脂肪、粗灰粉、钙、磷、盐	40	0.45
粗纤维、体外胃蛋白酶消化率	18	1.00
氨基酸、微量元素、维生素、脲酶活性、蛋白质溶解度	60	0.25

二、半干样本的制备

新鲜样本含有大量的水分不易保存，包括青饲料、多汁饲料、水生饲料、青贮饲料以及鲜肉、鲜蛋、鲜奶，畜禽粪便等。按四分法或几何法取得的新鲜分析样品，除必须用新鲜样本测定的成分外，可处理加工制备成半干样品，即将样品置于 60～65℃ 干燥箱除去游离水分。取出后于室温下冷却，测定初水分含量(或半干样品含量)，然后按风干样品制样方法制样保存。

三、样品的登记与保管

1. 样品的登记 制备好的风干样品或半干样品均应装在洁净、干燥的磨口广口瓶内，作为分析样品备用。瓶外贴有标签，标明样品名称、采样和制样时间、采样和制样人等。此外，分析实验室应有专门的样品登记本，系统地详细记录与样品相关的资料。要求登记的内容如下：

(1)样品名称(一般名称、学名和俗名)和种类(必要时须注明品种、质量等级)。

(2)生长期(成熟程度)、收获期、茬次。

(3)调制和加工方法及储存条件。

(4)外观性状及混杂度。

(5)采样地点和采集部位。

(6)生产厂家、批次和出厂日期。

(7)质量。

(8)采样和制样人姓名。

2. 样品的保管

(1)保存条件。样品应避光保存，并尽可能低温保存，并做好防虫措施。

(2)保存时间。一般条件下原料样品应保留 2 周，成品样品应保留 1 个月。有时为了特殊目的，饲料样品需保管 1～2 年。对需长期保存的样品可用锡铝纸软包装，经抽真空充氮气后(高纯氮气)密封，在冷库中保存备用。专门从事饲料质量检验监督机构的样品保存期一般为 3～6 个月。

饲料样品应由专人采集、登记、制备与保管。

思考题

1. 样品为什么要具有代表性？在采样过程中怎样才能正确获得所需有代表性样品？
2. 采样的目的是什么？对于不同的原样及不同形状、形态的原料应如何采样？
3. 样品的容器应具备什么条件？
4. 对于制备好的样品，应如何登记和保管？

第二节　饲料中营养成分的常规分析

实验三　饲料中水分的测定

要比较饲料的营养价值，必须测定饲料中水分的含量，由于各种饲料的水分含量不一致，故饲料营养价值表中多以干物质为基础表示各种成分含量。饲料中的水分存在着3种形式，即游离水、吸附水(吸附在蛋白质、淀粉及细胞膜上的水)和结合水(与糖和盐类结合的水)。新鲜样本含有大量的游离水和少量的吸附水，两者的总水量占样本重的70%～90%，如青饲料、多汁饲料、青贮饲料等。而风干样本系指饲料原样中不含有游离水，仅含有一般吸附于饲料蛋白、淀粉等的吸附水，而吸附水的含量在15%以下的样本，如子实、糠麸、油饼、干草、秸秆、乳粉、血粉、肉骨粉等。

水分的测定通常有以下5种方法。

1. *恒温干燥法*　将样本在常压下放入105℃烘箱中烘至恒重，样本的失重即代表水分含量。由于在水分蒸发的同时，一些短链脂肪酸和有机酸可能挥发损失而影响测定结果。

2. *真空干燥法*　样品在真空条件时，水的沸点降低，因此，真空烘箱可用来减少其他挥发性化合物的相对损失。

3. *低温干燥法*　把含有水分的样本根据不同目的事先处理后，在低温下急速冻结、在真空状态下升华水分的干燥方法称为真空冷冻干燥法。真空冷冻干燥法可防止样本中很多挥发性物质的损失，是保持原料基本形态不变的干燥方法。

4. *蒸馏法*　食品中的水分与甲苯或二甲苯共同蒸出，收集馏出液于接收管内，根据体积计算含量。适用于含较多其他挥发性物质的食品，如油脂、香辛料等。

5. *水分的快速测定*　采用不同的水分快速测定装置可立即测定饲料和粮食中的水分含量，对于养殖场和饲料厂原料和产品的质量控制有很大帮助。

对于一般的饲料原料和产品，通常采用常压恒温干燥法测定其水分含量。

一、初水分的测定(半干样本的制备)

(一)目的

掌握饲料中初水分测定的方法，测定饲料鲜样中初水分的含量。

(二)原理

新鲜样本由于水分含量高，不易粉碎和保存，因此通常要先测定其中的初水分。将新鲜样本置于(65±5)℃的恒温干燥箱中烘8～12 h，然后回潮使其与周围环境条件的空气温度保持平衡。在这种条件下失去的水分称为初水分。测定初水分后则进行制样获得半干样品。

(三)仪器

(1)搪瓷盘:规格为 20 cm×15 cm×3 cm。

(2)鼓风烘箱。

(3)坩埚钳。

(4)普通天平:百分之一感量。

(四)步骤

1. 瓷盘称重　在普通天平上称取瓷盘的质量。

2. 样品称重　用已知质量的瓷盘在普通天平上称取新鲜样品 200～300 g。

3. 灭酶　将装有新鲜样品的瓷盘放入 120℃烘箱中烘 10～15 min。目的是使新鲜饲料中存在的各种酶失活,以减少对饲料养分分解造成的损失。

4. 烘干　将瓷盘迅速放在 60～70℃烘箱中烘一定时间,直到样品干燥容易磨碎为止。烘干时间一般为 8～12 h,取决于样品含水量和样品数量。含水低、数量少的样品也可能只需 5～6 h 即可烘干。

5. 回潮和称重　取出瓷盘,放置在室内自然条件下冷却 24 h,然后用普通天平称重。

6. 再烘干　将瓷盘再次放入 60～70℃烘箱中烘 2 h。

7. 再回潮和称重　取出瓷盘,同样在室内自然条件下冷却 24 h,然后用普通天平称重。如果两次质量之差超过 0.5 g,则将瓷盘再放入烘箱。重复步骤 6 和 7,直至两次称重之差不超过 0.5 g 为止。以最低的质量即为半干样品的质量。将半干样品粉碎至一定细度即为分析样品。

8. 计算　计算公式与结果表示:

$$\text{初水分}=\frac{\text{新鲜样品重}-\text{半干样品重}}{\text{新鲜样品重}}\times 100\%$$

二、饲料中干物质(吸附水)的测定

(一)目的

掌握饲料中吸附水的测定方法及饲料总水分的计算。

(二)原理

风干样品或半干样品在(105±2)℃烘箱中,在一个大气压下烘干直至恒重,逸失的重量为吸附水,余重为干物质的含量。

(三)仪器设备

(1)分析天平:感量 0.000 1 g;

(2)电热恒温可控温度烘箱;

(3)称量皿:玻璃或铝质(带盖),直径在 4.0 cm 以上,高在 2.5 cm 以下;

(4)干燥器:无水氯化钙或变色硅胶作为干燥剂;

(5)坩埚钳和角匙。

(四)操作步骤

1. 称重　洗净称量皿,开盖放入(105±2)℃烘箱中烘 1～2 h,用坩埚钳取出,放入干燥器中冷却 30 min 称重，再烘 30 min，同样冷却、称重。直至两次称重差小于 0.000 5 g 为恒重。

2. 样品称重　取样品 2 g 左右置于已恒重的称量皿中称量(准确至 0.0002 g)，在(105±2)℃烘箱中打开称量皿盖烘 3 h，用坩埚钳盖好称量皿盖取出，放入干燥器中冷却 30 min，称重，再按上述方法烘 1～2 h，冷却、称重。直至两次称重差小于 0.002 g 即为恒重。

3. 计算

(1)干样本(或半干样本)水分含量。

$$\text{水分}=\frac{\text{风干样品重}-\text{烘干样品重}}{\text{风干样品重}}\times 100\%$$

(2)新鲜样品的总水分含量。新鲜样品测定初水分和吸附水后，即可计算以新鲜为基础的水分含量，其计算公式为：

$$\text{总水分}=\text{初水分}+\frac{100-\text{初水分}}{100}\times\text{吸附水}$$

例如：某新鲜饲料含初水分为 70%，用半干样本测得吸附水 14%，则：

$$\text{新鲜饲料总水分}=70\%+\frac{100\%-70\%}{100\%}\times 14\%=74.2\%$$

(五)注释

(1)含脂肪高的样本，在加热时可能因脂肪的氧化而使样本重量增加，测定这种样本的水分含量需在真空烘箱或装有二氧化碳的特殊烘箱中进行。

(2)含糖分高或易焦化样本，应使用低温减压干燥法(70℃，33 MPa，烘干 5 h)测水分。

(3)含挥发性物质高的样本，采用冷冻干燥法可防止很多挥发性物质在加热过程中的损失。

(4)在某些情况下急需知道饲料的含水量，也可用水分快速测定仪进行测定。

(六)重复性

每个试样应取两个平行样进行测定，以其算术平均值为测定结果。两个平行样测定值不得超过 0.2%，否则重做。

精确度：含水量在 10%以上，允许相对偏差为 1%；含水量在 5%～10%时，允许相对偏差为 3%；含水量在 5%以下时，允许相对偏差为 5%。

思考题

1. 什么是半干样品、风干样品，如何制备半干样品及风干样品？

2. 测定水分时应注意哪些问题？

3. 新鲜饲料总水分的含量为何不是初水分与吸附水之和？

4. 某种饲料半干样本的 105℃干物质为 90%，该饲料 70℃干物质为 32%，计算该种饲料新鲜时干物质的含量？

实验四 饲料中粗蛋白质的测定

饲料中含氮物质包括纯蛋白质和氨化物(氨基酸、酰胺、硝酸盐及铵盐等),两者总称为粗蛋白质。

饲料中粗蛋白质含量的测定最常用的方法是凯氏定氮法,是 19 世纪初(1833 年)由丹麦人开道尔(J. Kjeldahl)建立的经典方法。由于设备比较简单,测定结果可靠,为一般实验室所采用。长期以来人们在经典法基础上不断改进,一是选择催化剂,更有效地缩短消化时间加快分析速度;二是改进了氨的蒸馏和测定方法,以提高测定效率;三是当今许多国家包括我国都已研制出蛋白质测定仪、自动定氮仪等。

一、目的

掌握应用凯氏定氮法测定饲料和其他动物性产品样本中粗蛋白质的含量。

二、测定原理

各种生物样品的有机物质在有催化剂(如硫酸铜)参与下,用浓硫酸消煮的过程中,各种蛋白质和含氮有机物,经过复杂的高温分解反应,转化为氨;氨与浓硫酸结合成硫酸氨;而非含氮物质,则以二氧化碳、水、二氧化硫等气体状态逸出。消化液经碱化后蒸馏,重新释放出氨,氨被硼酸吸收结合成硼酸氨,以标准酸溶液滴定,甲基红-溴甲酚绿作为混合指示剂,求出饲料全氮的含量,再乘以一定的换算系数①(通常用 6.25 系数计算),得出样品中粗蛋白质的含量。

其主要化学反应如下:

$$2CH_3CHNH_2COOH + 13H_2SO_4 \rightarrow (NH_4)_2SO_4 + 6CO_2\uparrow + 12SO_2\uparrow + 16H_2O$$

$$(NH_4)_2SO_4 + 2NaOH \rightarrow 2NH_3\uparrow + 2H_2O + Na_2SO_4$$

$$H_3BO_3 + NH_3 \rightarrow NH_4H_2BO_3$$

$$NH_4H_2BO_3 + HCl = H_3BO_3 + NH_4Cl$$

三、仪器设备

(1)实验室用样品粉碎机:分析筛孔径为 0.45 mm(40 目)。

---

①各种饲料的粗蛋白质中实际含氮量,差异很大,变异范围在 14.7%~19.5%之间,平均为 16%。凡饲料的粗蛋白质中氮含量尚未确定的,可用 6.25 平均系数来乘以氮量换算成粗蛋白质量。凡饲料的粗蛋白质的含氮量已经确定的,可用它们的实际系数来换算。例如荞麦、玉米用系数 6.00,箭舌豌豆、大豆、蚕豆、燕麦、小麦、黑麦用系数 5.70,牛奶用系数 6.38。

(2)分析天平:感量 0.000 1 g。

(3)消煮炉或电炉。

(4)酸式滴定管:25 或 50 mL。

(5)凯氏烧瓶:100 mL。

(6)凯氏蒸馏装置:半微量蒸馏式或常量直接蒸馏式。

(7)锥形瓶:150 mL。

(8)容量瓶:100 mL。

(9)移液管:10 mL。

四、试剂及配制

(1)浓硫酸(GB 625):化学纯。

(2)硫酸铜(GB 665):化学纯。

(3)硫酸钠(HG 3-908)化学纯或硫酸钾(HG 3-920)化学纯。

(4)400 $g \cdot L^{-1}$ 氢氧化钠溶液:40 g 氢氧化钠(GB 629)溶于 100 mL 水中。

(5)20 $g \cdot L^{-1}$ 硼酸溶液:2 g 硼酸(GB 628)溶于 100 mL 水中。

(6)盐酸标准滴定溶液配制

$c(HCl)=0.2\ mol \cdot L^{-1}$ 盐酸标准溶液:17 mL 盐酸(GB 622,分析纯),注入 1 000 mL 水中。

$c(HCl)=0.5\ mol \cdot L^{-1}$ 盐酸标准溶液:45 mL 盐酸(GB 622,分析纯),注入 1 000 mL 水中。

(7)无水碳酸钠法标定:见附录 4.2。

(8)混合指示剂:甲基红(HG 3-958)1 $g \cdot L^{-1}$ 乙醇溶液与溴甲酚绿(HG 3-220)5 $g \cdot L^{-1}$ 乙醇溶液等体积混合,阴凉处保存 3 个月以内。

(9)硫酸氨(GB 1396):分析纯,干燥。

五、试样的选取和制备

固体饲料样本按实验二样品制备法制备。

液体或膏状黏液试样应注意取样的代表性。用干净的、可放入凯氏烧瓶或消化管的移液管量取。

六、测定步骤

1. 试样的消化　称取 0.5～1 g 风干试样[1],准确称至 0.000 1 g,将样品无损地送入干燥的凯氏烧瓶或消化管底部。加入硫酸铜($CuSO_4 \cdot 5H_2O$)[2]0.4 g,无水硫酸钾(或无水硫酸钠)[3]6 g,与试样轻轻混合均匀,再加入浓硫酸[4]10 mL。在凯氏烧瓶或消化管口加一小漏斗,放在通风柜里的变温电炉或消煮炉上小火加热,待瓶内样品泡沫消失、反应缓和时,加强火力,使温度保持在 360～410℃。消煮的温度以硫酸蒸气在瓶颈上部 1/3 处冷凝回流为宜。如瓶壁溅有黑色固体，小心拿起烧瓶待冷却后，轻轻摇进消煮液中或加少量蒸馏水冲洗，再继续加热。直至溶液澄清后，再继续消煮 30 min。

试剂空白测定：另取凯氏烧瓶或消化管一个，加入硫酸铜($CuSO_4 \cdot 5H_2O$)0.4 g，无水硫酸钠(或硫酸钾)6 g，浓硫酸 10 mL，加热消化至溶液澄清。

2. 氨的蒸馏

(1)半微量水蒸气蒸馏法。如图 4-1 所示，蒸馏前先检查蒸馏装置是否漏气，并通过水的流出液将管道洗净。蒸汽发生器的水中应加入甲基红指示剂数滴，硫酸数滴，在蒸馏过程中保持此溶液为橙红色，否则需补加硫酸。

将试样消煮液冷却，加水 10～20 mL，摇匀移入 100 mL 容量瓶中，反复 3 次。冷却后用水稀释至刻度，摇匀，作为试样分解液。取 15～35 mL[4] 硼酸溶液，加混合指示剂 2 滴，使半微量装置的冷凝管末端 9 浸入此溶液。吸取消煮液 10～20 mL(使含氮 1 mg 左右)，经半微量蒸馏仪(图 4-1)入口 4 注入反应室 5，用少量水冲洗进样入口，塞好入口玻璃塞。然后向 4 注入 10 mL 400 g·L^{-1} NaOH 溶液，小心提起玻璃塞使之缓缓流入 5，将玻塞塞好。加水于 4 处，提起玻塞使少量水流入 5 洗涤碱液，剩余水封在入口处，防止漏气。立即关紧 7，同时打开 3，使烧瓶的蒸汽通入 5，蒸馏约 4 min，使冷凝管末端离开吸收液面，继续蒸馏 1 min，然后，用水冲洗冷凝管末端，洗液均流入锥形瓶内，然后停止蒸馏。取下三角瓶，用气压差原理，立即关紧 8 提起玻塞，使 5 中的残液倒流入反应室外层 6，如此操作重复 4 次，即可洗净反应室，供下次使用。

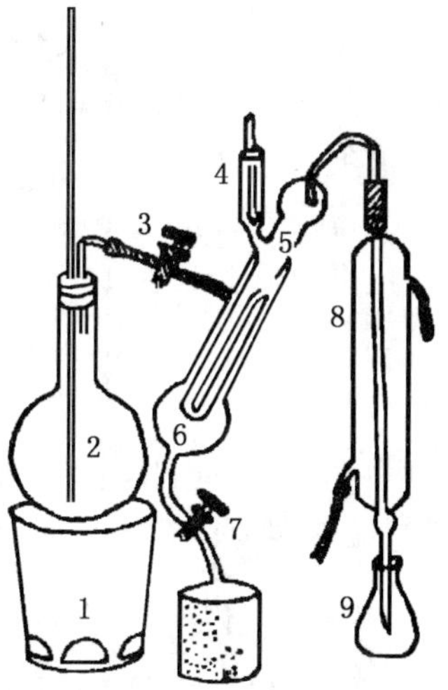

1. 电炉　2. 蒸汽发生器　3. 螺丝夹
4. 小玻璃杯及棒状玻璃塞　5. 反应室
6. 反应室外层　7. 橡皮管及螺丝夹
8. 冷凝器　9. 整流器接受三角瓶

图 4-1　凯氏蒸馏装置

引自张丽英，饲料分析及饲料质量检测技术(第 2 版)，中国农业出版社，2003。

(2)常量直接蒸馏法。将试样消煮液冷却，用少量蒸馏水将消煮液全部定量转入蒸馏器内，并用水洗涤凯氏瓶 4 或 5 次(总用水量不超过 30～35 mL)，或将直接向冷却的试样消煮液中加水 60～100 mL 摇匀、冷却，将凯氏烧瓶或消煮管连在蒸馏装置上，于冷凝管的末端浸入 35 mL 硼酸吸收液和加混合指示剂 2 滴的 250 mL 锥形瓶中，然后小心地向凯氏烧瓶或消化管中，加入氢氧化钠溶液至溶液颜色变黑，再稍加少许。待溶液混匀后，加热蒸馏，直至流出液体积约 150 mL。移动锥形瓶，使冷凝管末端离开液面，继续蒸馏 1～2 min，并用水冲洗末端，洗液均需流入锥形瓶内，然后停止蒸馏。

3. 滴定　蒸馏液立即用 0.5 mol·L^{-1} 盐酸或 0.5 mol·L^{-1}(1/2 H_2SO_4)标准滴定溶液滴定，溶液由蓝绿色变为灰红色为终点。记录所用酸标准液的体积(mL)，空白测定所用酸标准溶液的体积一般不得超过 0.4 mL。

4. 测定步骤的检验　精确称取 0.2 g 硫酸铵，代替试样，用蒸馏水溶解，移入 100 mL 容量瓶中定容。按 2 和 3 测定步骤操作，测得硫酸铵含氮量应为(21.19±0.2)%，否则需检查加碱、蒸馏和滴定各步骤是否正确。

5. 结果计算 试样中粗蛋白质含量公式：

$$粗蛋白质含量=\frac{(v-v_0)\times c\times 0.014\ 0\times 6.25}{m\times\frac{v_2}{v_1}}\times 100\%$$

式中：c 为酸标准滴定溶液浓度，$mol\cdot L^{-1}$；m 为试样质量 g；v 为滴定试液时所用酸标准溶液的体积(mL)；v_0 为滴定空白时所用酸标准溶液滴定体积(mL)；v_1 为试样消化液定容体积，mL；v_2 为试样消化液蒸馏用体积(mL)；0.014 0 为氮原子的摩尔质量($g\cdot mol^{-1}$)即 1.00 mL 标准酸滴定溶液[$c(HCl)=1.000\ mol\cdot L^{-1}$]相当于质量为 0.014 0 g 的氮；6.25 为氮换算成蛋白质的平均系数。

6. 重复性 每个试样取两平行样进行测定，以其算术平均值为结果。

当粗蛋白质含量在 25%以上，允许相对偏差为 1%；

当粗蛋白质含量在 10%～25%，允许相对偏差为 2%；

当粗蛋白质含量在 10%以下时，允许相对偏差为 3%。

七、注释

[1]一般应使饲料样品中含氮量为 5～80 mg。

[2]硫酸铜为饲料样品消化过程中的催化剂。反应如下：

$$C(有机物质)+2CuSO_4\rightarrow Cu_2SO_4+SO_2\uparrow+CO_2\uparrow$$

$$Cu_2SO_4+2H_2SO_4\rightarrow 2CuSO_4+2H_2O+SO_2\uparrow$$

硫酸铜在强热下不仅起催化作用，而且在有机物全部消化后，使溶液呈清澈的蓝绿色。并可在下一步蒸馏过程的碱性反应中又还原为红褐色。所以又可作为指示剂。

[3]无水硫酸钠或无水硫酸钾。硫酸钠可提高浓硫酸的沸点。消化时的温度要求控制在 360～410℃，低于 360℃，消化不容易完全，高于 410℃容易引起氨的损失。温度的高低受加入硫酸钾的量控制，如加入硫酸钾较少，消化时间较长；过多虽可大大缩短消化时间，但当盐的质量浓度超过 0.8 $g\cdot mL^{-1}$，消化内容物冷却后易结块。所以消煮过程中盐的浓度应控制在 0.35～0.45 $g\cdot mL^{-1}$。

$$Na_2SO_4+H_2SO_4\rightarrow 2NaHSO_4$$

$$2NaHSO_4\rightarrow Na_2SO_4+H_2O+SO_3$$

在消化过程中，随着硫酸的不断分解、水分的不断蒸发，硫酸钠的浓度逐渐增大，结果沸点升高，加速了对有机物的分解作用。

无水硫酸钠的作用同无水硫酸钾。一般 Na_2SO_4 和 $CuSO_4$ 的比例为 10∶1。

[4]浓硫酸。浓硫酸在样品消化时作为分解剂，以其强酸性和强氧化性使有机物分解。消化时的用量以淹没样品为度，但对脂肪含量较高的样品，应适量增加用量。在消煮过程中如果硫酸消耗过多，将影响盐的浓度，一般在凯氏瓶口插入一小漏斗，以减少硫酸的损失。

附1：饲料中纯蛋白质的测定

纯蛋白质又叫真蛋白质，它是由许多种氨基酸合成的一类高分子化合物。

一、测定原理

饲料蛋白质经沸水提取并在碱性溶液中被硫酸铜沉淀。过滤和洗涤后，可将纯蛋白质和非蛋白质含氮物分离，再用凯氏定氮法测定沉淀物中的蛋白质含量。

二、仪器设备

(1)烧杯：200 mL。
(2)定性滤纸。
(3)其他设备与粗蛋白质测定法相同。

三、试剂及配制

(1)100 g·L^{-1} 硫酸铜溶液：分析纯硫酸铜($CuSO_4 \cdot 5H_2O$)10 g 溶于 100 mL 水中。
(2)25 g·L^{-1} 氢氧化钠溶液：将 2.5 g 分析纯氢氧化钠溶于 100 mL 水中。
(3)10 g·L^{-1} 氯化钡溶液：1 g 氯化钡($BaCl_2 \cdot H_2O$)溶于 100 mL 水中。
(4)2 mol·L^{-1} 盐酸溶液。
(5)其他试剂与一般粗蛋白质测定法相同。

四、测定步骤

准确称取试样 1 g 左右(精确至 0.000 1 g)置于 200 mL 烧杯中，加 50 mL 水，加热至沸。加入 20 mL 硫酸铜溶液，20 mL 氢氧化钠溶液，用玻璃棒充分搅拌，放置 1 h 以上。用定性滤纸过滤，然后用 60～80℃热水洗涤沉淀 5 或 6 次，用氯化钡溶液 5 滴和盐酸溶液 1 滴检查滤液，直至不生成白色硫酸钡沉淀为止。将沉淀和滤纸放在 65℃烘箱干燥 2 h，然后全部转移到凯氏烧瓶中，按半微量凯氏定氮法进行氮的测定。

五、结果计算

同粗蛋白质测定。

附2：应用新一代快速定氮仪测定样品中总氮含量

传统的凯氏定氮法进行样品消化、蒸馏、滴定和计算等 4 项操作过程，方能测定出样品中粗蛋白质的含量。在样品的消煮和试剂的配制过程中需消耗大量的时间，应用浓硫酸酸消煮还存在着有毒化合物的排放问题。近几年国外研制的一种新型的快速定氮仪正逐渐被我国广大分析工作者接受和应用。这种仪器应用杜马斯原理测定氮/蛋白质。本章节对这种仪器的使用原理作一简单介绍。

1. 燃烧　杜马斯燃烧法是基于在高温(大约900℃)下，通过控制进氧量、氧化消解样品的原理而进行氮测定的。燃烧生成的气体被载气氦气或 CO_2 携带直接通过氧化铜(作为催化剂)氧化。此外，化合物中一定量的难氧化部分会被载气携带通过作为催化剂的氧化铜和铂混合物进一步氧化。

2. 还原　燃烧生成的氮氧化物被还原剂还原为分子氮，同时过量的氧也被结合了。一个传感器用来控制最佳燃烧所需的氧气量，这可以保证氧气和还原剂的消耗量最少。使用的主要还原剂有钨和铜，钨的使用寿命比铜要长4倍。

3. 净化　一系列的适当的吸收剂将干扰成分如卤化氢从被检测气流中出去。冷凝器后的精细洗涤器确保了水蒸气的去除。

4. 检测　一个热导检测器来检测载气流中的氮。氮体积含量引发一种电子测量信号，通过它，再经过物质的独立校正，被测样品的氮含量就自动地计算、打印和存储起来。

使用快速定氮仪可以对原始样品直接进行全自动分析，加入样品后只需几分钟就可得到氮/蛋白质浓度。无需费时的酸消解和有毒的催化剂。

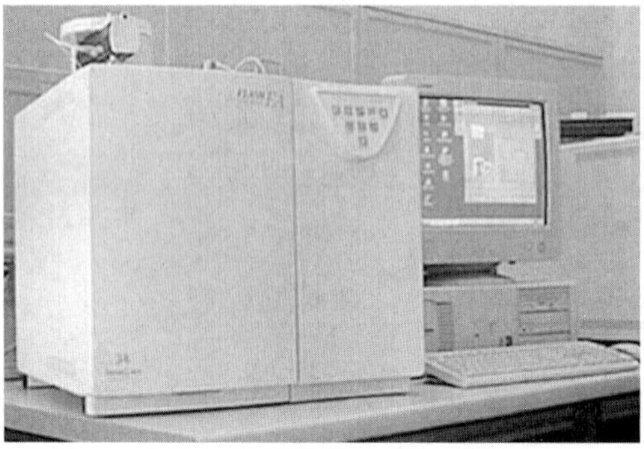

图 4-2　美国热电 FlashEA 1112 型快速定氮仪

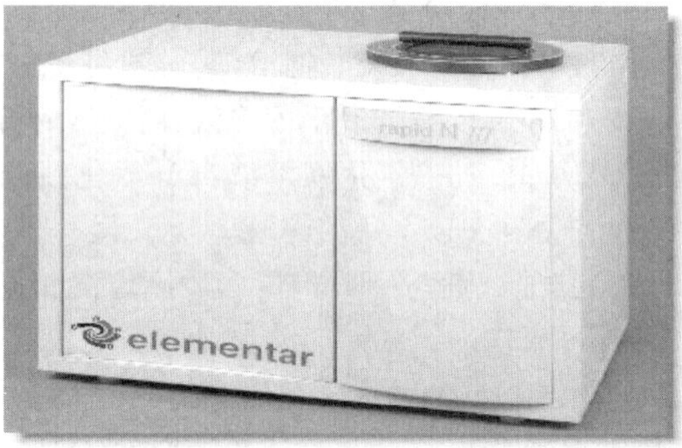

图 4-3　德国 Elementar Rapid N Ⅲ 型快速定氮仪

思考题

1. 简述凯氏定氮法的基本原理?
2. 在样品消煮前为什么要加入 Na_2SO_4 和 $CuSO_4$?
3. 怎样避免样品消煮后不结块?

实验五　饲料中粗脂肪的测定①

一、目的

掌握饲料中粗脂肪测定的方法，并用以测定各类饲料中粗脂肪含量。

二、原理

索氏测定脂肪法的原理是饲料的油脂均可溶解于乙醚中，用无水乙醚反复浸提饲料中的脂肪，并使溶有脂肪的乙醚流集于盛醚瓶中，尔后将乙醚蒸发，瓶中所剩残渣的质量即为饲料粗脂肪量。

饲料被乙醚所溶解的物质，除真脂肪外，还有麦角固醇、胆固醇、脂溶性维生素、叶绿素等。由于所得的脂肪残渣不纯，故称为粗脂肪。

测定脂肪所用饲料样品必须烘干，因样品中水分可影响乙醚的浸提和蒸发过程。

三、仪器设备

(1)索氏脂肪提出器；
(2)脂滤纸或特制滤纸筒；
(3)干燥器；
(4)分析天平；
(5)定温水浴锅；
(6)烘箱；
(7)化学纯无水乙醚；
(8)氯化钙；
(9)凡士林。

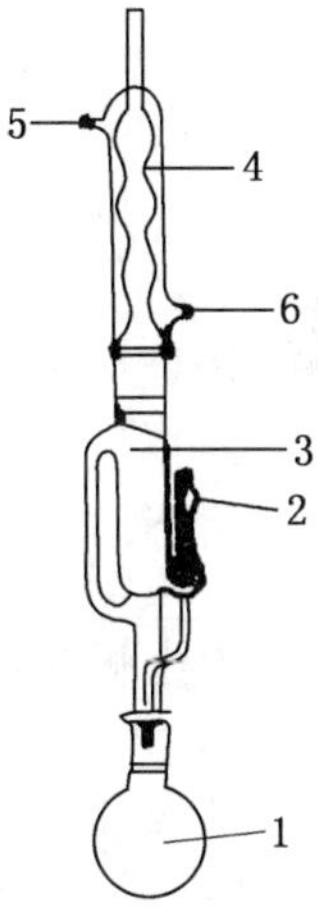

1.抽提瓶　2.虹吸管　3.抽提管
4.冷凝管　5.出水口　6.入水口

图 5-1　索氏脂肪提出器

四、操作步骤

(1)索氏脂肪提出器由三部分组成，下部为盛醚瓶，中间为浸提管，上部为冷凝管。冷凝管上端加棉花，以防乙醚逸出。索氏抽提器应干燥。

(2)将盛醚瓶洗净于(105±2)℃烘箱中烘 30 min，放入干烘器中冷却 30 min 后，在天平上称重。再烘 30 min，同样冷却称重，两次称重之差小于 0.000 8 g 为恒重。

(3)将盛醚瓶洗净于(105±2)℃烘箱中烘 30 min，放入干燥器中冷却 30 min 后，在天平上称重。再烘 30 min，同样冷却称重，两次称重之差小于 0.000 8 g 为恒重。

(4)加热水浴锅，使温度保持 75～80℃，乙醚在盛醚瓶中蒸发，乙醚蒸气至冷凝管处冷

---

①畜体、畜产品及粪中粗脂肪的测定用同一方法。

凝为液体,仍流回浸提管中,样本受醚的浸渍,其中所含脂肪即被溶解。当浸提管中乙醚积聚相当高度时,即由虹吸管回流入盛醚瓶,提取时间为 4～16 h,样本所含脂肪可全部浸提出而积存于盛醚瓶中。

(5)提取完毕后,移去上部的冷凝管,取出样本包,将冷凝管回原,再蒸馏,使管中乙醚再回流 1 次,以冲洗浸提管中余留的脂肪,然后继续蒸馏。当乙醚聚积至虹吸管 2/3 高度处,取下装置,将管中乙醚倒入收醚瓶中,继续进行,直至盛醚瓶中乙醚几乎全部收完为止,此时瓶中只有粗脂肪和极少量乙醚存留。

(6)用蒸馏水洗净盛醚瓶底壁(注意勿使水溅入瓶内)。将盛粗脂肪的盛醚瓶置于(105±2)℃烘箱内烘干,需 1～2 h。开始时将烘箱门半开,以免醚气燃烧起火。烘干时间因样本粗脂肪含量的多少而变化,不宜固定,以达到恒重为止。将盛醚瓶移入干燥器中,冷却 30 min 后称重,直至恒重为止,盛醚瓶增加的重量即为样本的粗脂肪量。为使测定结果准确,应同时测定试剂空白试验,以作校正。

五、结果与计算方法

$$\text{样本中粗脂肪的含量}=\frac{\text{粗脂肪}}{\text{样品重}}\times 100\%=\frac{W_2-W_1}{W}\times 100\%$$

式中:W 为样本重(即测定饲料干物质的样本质量),g;W_1 为盛醚瓶重量,g;W_2 为盛醚瓶与粗脂肪的重量,g。

重复性:每个试样应取两个平行样进行测定,以其算术平均值为测定结果。

粗脂肪含量在 10%以上,允许相对偏差为 3%;粗脂肪含量在 10%以下时,允许相对偏差为 5%。

样本中粗脂肪含量也可根据样本滤纸包经乙醚提取前后的失重来计算。方法如下:

$$\text{样本中粗脂肪含量}=\frac{\text{样本滤纸包乙醚提取前重}-\text{样本滤纸包乙醚提取后重}}{\text{样品重}}\times 100\%$$

样本滤纸包经乙醚提取后放入一个干净的已知重量的称量瓶(盒)中。在(105±2)℃烘箱中烘 1～2 h,在干燥器中冷却、称重,直至恒重。经乙醚提取后的滤纸包在称重时容易吸收空气中的水分,影响包重,因此操作时宜盖好称量瓶(盒)盖,并迅速称量。

六、注意事项

(1)乙醚易燃烧,在用乙醚提取时,实验室内严禁点酒精灯、擦火柴、吸烟等,以防着火。

(2)盛醚瓶称重前后的取放,宜用坩埚钳或垫纸张,不宜用手直接接触,以免将手上的油、汗玷污盛醚瓶,影响测定结果。

(3)包扎样本时,应先将手洗净,以免影响结果。

(4)滤纸和棉线或特制滤纸筒仍可继续使用,但应保持清洁,防止污染,以免影响测定结果。

七、注解

(1)索氏测定脂肪法与饲料中其他营养成分概略养分分析法一样,准确度不够高,植物种子的乙醚提取物中真脂肪有86%,而青饲料的乙醚提取物中真脂肪量极少,大部分为叶绿素。

(2)肉类(猪肉、鸡肉、鱼肉等)中脂肪测定前须先烘干肉中的水分。具体方法如下:称取磨碎鲜肉10 g放在铺有少量石棉的滤纸筒或滤纸上,用小棒混匀,将滤纸筒或滤纸移入瓷盘或铝匣中,在100~120℃烘箱中烘6 h,取出瓷盘或铝匣冷却后,用棉线包扎滤纸包。以下步骤按照饲料中脂肪测定法进行。

(3)估计样本中所含脂肪在20%以上时,浸提时间需用6 h;5%~20%时,需12 h;5%以下时则需8 h。

思考题

1. 盛有粗脂肪的盛醚瓶在(105±2)℃烘箱中的时间为什么不能过长,过长是否会影响测定结果?

2. 脂肪包的长度为什么不能超过虹吸管的高度?

3. 水浴的温度为什么要控制在65~80℃之间,过高或过低对脂肪的抽提有什么影响?

附:脂肪测定仪

传统的脂肪含量测定是通过萃取称重法来测得结果的,不仅需要经过烦琐的实验步骤,耗费大量的时间,而且结果会因方法和溶剂的不同而异。为能够快速准确地测定样品中的总脂肪含量及脂肪酸含量,现研制出了各种型号的脂肪测定仪。

其中一种脂肪测定仪是采用经典的索氏浸提法原理,可大大缩短浸提时间。它将浸提过程分为高温沸腾浸提与冲洗浸提两个步骤,整个浸提过程依样品类型而定,一般只需30~60 min,从而可以快速测定试样中的粗脂肪的含量(图5-2和图5-3)。

如B-815/820脂肪及脂肪酸测定仪可同时对4种多脂肪酸物质的成分进行萃取分析;采用恒温及固定分析程序的气相色谱技术;只需30 min的萃取时间,40 min内完成总脂肪酸及脂肪酸含量的测定并打印出分析报告;分析报告可以营养标签的方式显示出总脂肪、饱和脂肪酸、单不饱和脂肪酸及多不饱和脂肪酸的含量;可检测奶油酸的含量,方便乳品行业进行质量控制;可外接天平,结果自动输入。

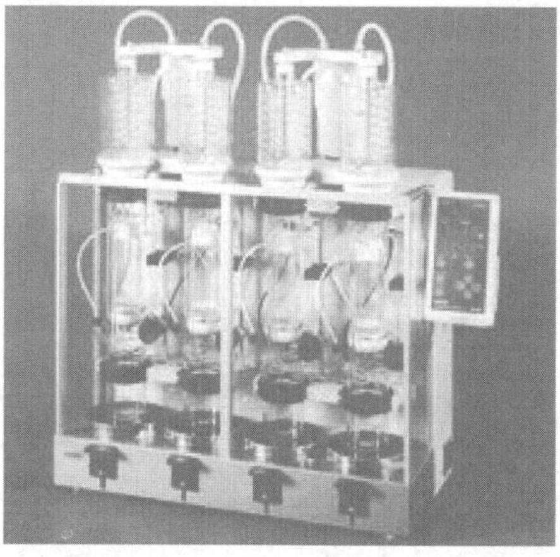

图5-2 B-815/820脂肪及脂肪酸测定仪

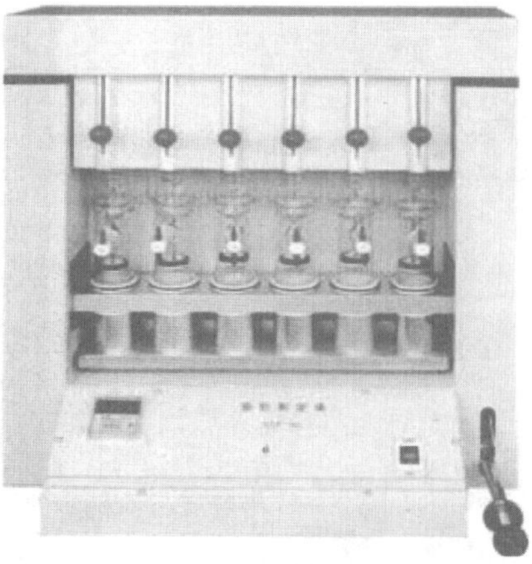

图5-3 SZF-06脂肪测定仪

另一种脂肪测定仪(图 5-4)采用快速批量抽提脂肪技术。样品被分装在一种由特殊材料制作的滤袋中,在溶剂的作用下,脂肪溶解透出滤袋,而样品基质颗粒不能通过滤袋而留在滤袋中,从而实现脂肪与样品基质的分离。

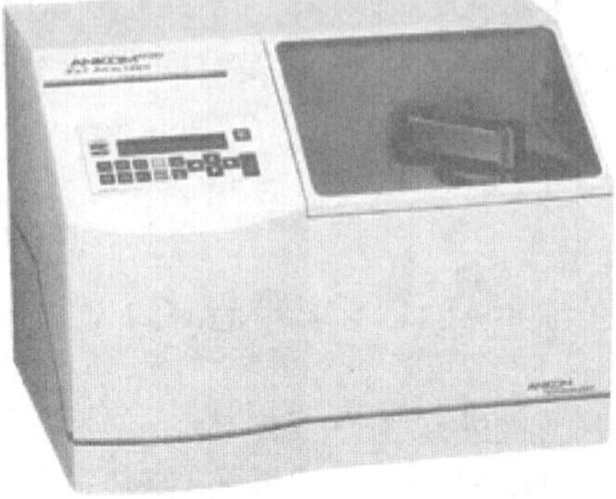

图 5-4 Ankom XT20 脂肪测定仪

实验六　饲料中纤维物质的测定

一、粗纤维的测定

(一)目的与要求

掌握饲料中粗纤维的测定方法,并用以测定各类饲料中粗纤维含量。

(二)基本原理

粗纤维的常规测定方法是在公认的强制规定条件下,将试样用一定容量和一定浓度的预热硫酸和氢氧化钠煮沸一定时间,饲料中全部淀粉、果胶物质和大部分蛋白质被水解,并除去脂肪,再用乙醇、乙醚除去醚溶物,经高温灼烧扣除矿物质的量,所余量为粗纤维。其中以纤维素为主,还有少量半纤维素和木质素。

(三)实验仪器和材料

1. 实验仪器

(1)分析天平:感量 0.000 1 g 。

(2)电热恒温干燥箱:可控制温度在 130℃ 。

(3)高温电阻炉:电加热,有高温计且可控制炉温在 550～600℃。

(4)电炉或电热板。

(5)消煮器:有冷凝球的 500 mL 高型烧杯或有冷凝管的 500 mL 锥形瓶。

(6)抽滤瓶:500 mL。

(7)滤布:100 支纱府绸或 0.08～0.074 mm 孔隙的尼龙绢(180～200 目)。

(8)布氏漏斗:直径 6 cm。

(9)真空抽气机。

(10)古氏坩埚:30 mL,预先加入 30 mL 酸洗石棉悬浮液,再抽干,以石棉厚度均匀,不透光为宜;或选用 50 mL G_2 玻璃砂芯坩埚。

(11)干燥器:以氯化钙或变色硅胶为干燥剂。

2. 试剂

(1)硫酸:分析纯,(0.255±0.005) mol・L^{-1},每 100 mL 含硫酸 1.25 g,用氢氧化钠标准液标定。

(2)氢氧化钠:分析纯,(0.313±0.005) mol・L^{-1},每 100 mL 含氢氧化钠 1.25 g,用基准邻苯二甲酸氢钾法标定。

(3)95%乙醇:化学纯。

(4)乙醚:化学纯。

(5)正辛纯:分析纯,防泡剂。

(6)酸洗石棉悬浮液:市售或自制中等长度酸洗石棉置于 600℃灼烧 16 h,用(0.255±0.005) mol・L^{-1} 硫酸溶液浸泡且煮沸 30 min,过滤,用水洗净酸;同样用(0.313±0.005) mol・L^{-1}

氢氧化钠溶液煮沸 30 min ,过滤,并用少量硫酸溶液洗 1 次,在用水洗净、烘干后于 600℃灼烧 2 h,其空白试验结果为每克石棉含粗纤维值小于 1 mg。将制备的石棉放入盛蒸馏水的玻璃瓶内,加水振荡玻璃瓶,便可制得稀薄的酸洗石棉悬浮液。

(四)操作步骤

(1)称取 1～2 g 通过 0.45 mm(40 目)筛的脱脂样品,准确至 0.000 2 g,放入 500 mL 锥形瓶中。

(2)加入 200 mL 煮沸的 0.255 mol・L^{-1} 硫酸溶液和 1 滴正辛醇,连接冷凝装置,立即加热,应使其在 1 min 内沸腾,并保持微沸 30 min,每 5 min 摇动 1 次锥形瓶,将黏附于瓶壁上的样品冲入溶液。同时应注意保持硫酸浓度不变(补加蒸馏水)。

(3)微沸 30 min 后立即停止加热,用铺有滤布的布氏漏斗趁热抽滤,要求在 10 min 内全部抽净,并用热水反复冲洗残渣,直至滤液不使蓝色石蕊试纸变红为止。

(4)取下不溶物,放入原锥形瓶中,加入 200 mL 煮沸的 0.313 mol・L^{-1} 氢氧化钠溶液,立即加热,在 1 min 内煮沸,同样保持微沸 30 min,趁热过滤,以沸水洗涤残渣,直至滤液不使红色石蕊试纸变蓝为止。

(5)将滤布上的残渣全部转入铺好石棉的古氏坩埚中,或直接倒入玻璃砂坩埚中,用 20 mL 95%乙醇洗涤坩埚中残渣,滤尽后再用 20 mL 乙醚洗涤(脱脂样品可不用乙醚淋洗),抽滤。

(6)将坩埚移入 100～105℃烘箱中干燥 4 h,转入干燥器中冷却 30 min,称重,直至恒重。

(7)再将坩埚置于电炉上炭化,然后移入 500～600℃高温炉中灼烧 1 h,取出放入干燥器中冷却 30 min 后称重。

(五)结果和数据处理

计算公式

$$粗纤维=\frac{W_1-W_2}{W}\times 100\%$$

式中:W_1 为烘干的坩埚和残渣重量,g;W_2 为灼烧后的坩埚和灰分重量,g;W 为样品重量,g。

(六)注意事项

(1)样品应粉碎过 0.45 mm(40 目)筛,颗粒过粗会影响酸碱处理。

(2)样品脂肪含量大于 1%时应先脱脂。其方法为:取 1～2 g 样品,加入 20 mL 石油醚,搅匀后放置,倾出上层液体,重复 2 次或更多次,风干后即可用于测定。

(3)选用古氏坩埚时,石棉应搅成稀薄悬浮液倒入坩埚中,并使之自动漏去水分,再用抽滤瓶抽干。石棉应铺均匀,不可漏空隙,也不可太厚。

(4)酸、碱处理时应准确微沸 30 min。

(5)在冲洗过程中应避免残渣损失。

(6)重复性。

每个样品应取两平行进行测定,以其算术平均值为结果。

粗纤维含量在 5%以下,允许相对偏差为 10%;粗纤维含量在 5%～10%,允许相对偏差为 5%；粗纤维含量在 10%以上，允许相对偏差为 1%。

二、中性洗涤纤维(NDF)和酸性洗涤纤维(ADF)的测定

(一)目的与要求

掌握饲料中中性洗涤纤维和酸性洗涤纤维的测定方法，并用以测定各类饲料中中性洗涤纤维和酸性洗涤纤维含量。

(二)基本原理

植物性样品经中性洗涤剂——3%十二烷基硫酸钠处理，溶解于洗涤剂中的为细胞内容物，其中包括脂肪、蛋白质、淀粉和糖，总称为中性洗涤可溶物。不溶解的残渣为中性洗涤纤维，主要为细胞壁成分，其中包括半纤维素、纤维素、木质素和硅酸盐。

中性洗涤纤维经酸性洗涤剂——1%十六烷基三甲基溴化铵处理，溶于酸性洗涤剂的部分称为酸性洗涤可溶物，其中包括中性洗涤可溶物和半纤维素。剩余的残渣为酸性洗涤纤维，主要成分为纤维素、木质素和少量矿物质。

(三)实验仪器和材料

1. 实验仪器

(1)分析太平：感量 0.000 1 g；

(2)回流装置：500 mL 三角瓶或 600 mL 直筒烧杯、冷凝球或冷凝管，500～1 000 mL 抽滤瓶；

(3)真空抽气机；

(4)G_2 号玻璃砂芯坩埚：50 mL；

(5)电热恒温干燥箱；

(6)干燥器：用氯化钙或变色硅胶作干燥剂。

2. 试剂

(1)中性洗涤剂：将 18.61 g 乙二胺四乙酸二钠(EDTA，$C_{10}H_{14}N_2O_8Na_2 \cdot 2H_2O$，化学纯)和 6.81 g 硼酸钠($Na_2B_4O_7 \cdot 10H_2O$，化学纯)放入烧杯中，加入少量蒸馏水，加热溶解后，再加入 30 g 十二烷剂硫酸钠($C_{12}H_{25}NaO_4S$，化学纯)和 10 mL 乙二纯乙醚($C_4H_{10}O_2$，化学纯)；再称取 4.56 g 无水磷酸氢二钠(Na_2HPO_4，化学纯)放入另一个烧杯中，加入少量蒸馏水微微加热溶解后，倒入前一个烧杯中，然后转入 1 000 mL 容量瓶中，加水至刻度，摇匀，其 pH 值为 6.9～7.1，一般无须调整。

(2)酸性洗涤剂：将 20 g 十六烷基三甲基溴化铵溶于标定过的 2 000 mL 0.500 mol·L^{-1} 硫酸溶液中(充分搅拌使之全部溶解)。

(3)无水亚硫酸钠(Na_2SO_3)：化学纯。

(4)丙酮(CH_3COCH_3)：化学纯。

(5)十氢萘($C_{10}H_{18}$)：化学纯。

(四)操作步骤

1. 中性洗涤纤维测定

(1)准确称取通过 0.45 mm(40 目)筛的样品 1 g 左右倒入三角瓶中，加入 100 mL 中性洗涤剂、2 mL 十氢萘和 0.5 g 亚硫酸钠。

(2)装上冷凝管后置电炉上加热,在5～10 min内煮沸,从沸腾时记时,在微沸状态下回流60 min。

(3)煮沸完毕后,取下三角瓶,将溶液倒入安装在抽滤瓶上的已知重量的玻璃砂芯坩埚中过滤,将残渣无损的全部转入坩埚中,用沸水冲洗玻璃坩埚和残渣,直至滤液呈中性为止,再用20 mL丙酮洗涤2次。

(4)将玻璃砂芯坩埚取下,置于100～105℃烘箱中烘3 h,然后取出放入干燥器中冷却30 min,称重,直至恒重。

2. 酸性洗涤纤维测定

(1)准确称取通过40目筛的样品1 g左右倒入三角瓶中,加入100 mL酸性洗涤剂和2 mL十氢萘。

(2)装上冷凝管后置电炉上加热,在5～10 min内煮沸,从沸腾时记时,在微沸状态下回流60 min。在此期间内应不时摇动三角瓶以充分混合内容物。

(3)煮沸完毕后,取下三角瓶。将溶液倒入安装在抽滤瓶上的已知重量的玻璃砂芯坩埚中过滤,将残渣无损的全部转入坩埚中,用沸水冲洗坩埚和残渣,直至滤液呈中性为止,再用丙酮洗涤至滤液无色。洗涤时应打碎团块,使溶剂能浸透纤维。

(4)将玻璃砂芯坩埚取下,置于100～105℃烘箱中烘3 h,然后取出放入干燥器中冷却30 min,称重,直至恒重。

(五)结果与数据处理

1. 中性洗涤纤维(NDF)含量的计算

$$\text{NDF 含量}=\frac{W_1-W_2}{W}\times 100\%$$

式中:W_1为玻璃砂芯坩埚和中性洗涤纤维重,g;W_2为玻璃砂芯坩埚重,g;W为样品重,g。

2. 酸性洗涤纤维(ADF)含量的计算

$$\text{ADF 含量}=\frac{G_1-G_2}{G}\times 100\%$$

式中:G_1为玻璃砂芯坩埚和酸性洗涤纤维重,g;G_2为玻璃砂芯坩埚重,g;G为样品重,g。

(六)注意事项

洗涤坩埚时,每次倒入坩埚内90～100℃的热水不能太满,水量约占坩埚体积的2/3,用玻璃棒搅碎滤饼,浸泡15～30 s后开始轻轻抽气过滤。

三、粗纤维测定仪简单介绍

(一)概述

国产粗纤维测定仪(图6-1)是一种适用于新旧测定纤维方法的半自动化仪器。使用方便,既适用于实验室的常规工作,又可用于科研与开发方面。

(二)实验前的准备

(1)将仪器放置于工作台上,工作台就近应有水池和水咀。将3个烧瓶放置于仪器顶部的电加热板上，并将顶部伸出的写明酸、碱、蒸馏水的橡胶管套在相应的烧瓶底部的水咀上。3 个烧瓶的位置从左到右相应为酸、碱、蒸馏水。然后将进水咀分别套上橡胶管，5 个水咀分别为：靠前的两个为进水咀，靠后的上两个为出水咀，靠后的下面一个为抽滤出水咀，应用橡胶管引入水池。

(2)样品磨成粗粉(18 目筛)，脂肪含量大于 10%必须脱脂。

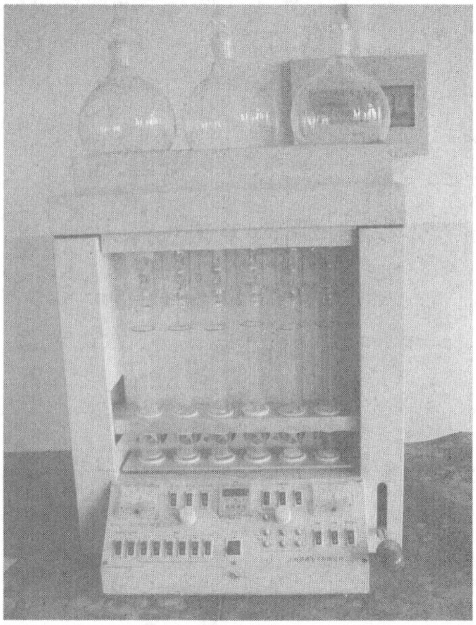

图 6-1　CXC-06 型粗纤维测定仪

(三)操作步骤

(1)在仪器顶部的酸、碱、蒸馏水烧瓶中分别加入已配制好的酸、碱和蒸馏水(不少于 2 000 mL)，将瓶盖盖上。

(2)在坩埚内放入 1～2 g 试样，并将装好试样的坩埚分别放入 6 个抽滤座中，注意应放置于抽滤座中央红色的硅橡胶圈上，并使其与上面的消煮管下套中的红色硅橡胶圈对齐，不要将坩埚放偏或放斜，否则将会漏液。当 6 个坩埚均放置准确后稍压下操纵杆柄不要松手(但不要锁紧)，再一次观察 6 个坩埚与消煮管下套的硅橡胶圈是否对准。在确信完全对准后再进一步压下操纵杆并锁紧。

(3)打开进水开关，注意进水量适中，将面板上预热调钮和消煮调压旋钮逆时针旋到底，打开电源开关，调整定时器的设定时间为 30 min。

(4)开启酸、碱、蒸馏水预热开关，调节预热调压旋钮，将其调到顺时针最大，这时左边电压表显示电压为 220 V 左右。

(5)等酸、碱、蒸馏水沸腾时，将预热电压调小至酸、碱、蒸馏水微沸。

(6)打开加酸开关，分别按 1～6 号加液按钮在消煮管中加入已沸的酸液 200 mL(到消煮管中间刻度线)，再在每个消煮管内加 2 滴正辛醇。关闭酸预热开关，开启消煮加热开关(消煮加热开关有 3 个，其中 1 号加热开关对应控制 1 号和 2 号消煮管的加热，2 号加热开关对应控制3号和4号消煮管的加热，3号加热开关对应控制5号和6号消煮管的加热，可视实际需做样品的数量来选择开启不同的加热开关)，将消煮调压旋钮调至最大，此时右边电压表显示为220 V左右，待消煮管内酸液再次微沸后再将电压调至150～170 V，使酸液保持微沸，向上打开消煮定时开关，保持酸微沸30 min。30 min消煮时间后，蜂鸣器鸣叫，自动切断消煮加热电源。

(7)将消煮加热开关关闭，将消煮定时开关向下关闭，将消煮调压旋钮逆时针旋到底，打开1～6号抽滤开关(可以一个个打开，也可将1～6号全部打开后一起抽滤)，打开抽滤泵开关，将酸液抽掉。抽完酸液后，先关闭抽滤泵开关，再关闭抽滤开关。打开蒸馏水开关，再按下1～6号加液按钮，在消煮管中加入蒸馏水后再抽干，连续2或3次，直至用试纸测试显中性后关闭加蒸馏水开关。在抽滤过程中若发现坩埚堵塞时，可关闭抽滤泵，开启反冲泵用气流反冲，直至出现气泡后关闭反冲泵，打开抽滤泵继续抽滤。洗涤完毕后关闭所有抽滤开关和泵开关。

(8)打开加碱开关，分别在消煮管中加入微沸的碱溶液200 mL后关闭加碱开关，再在每个消煮管中加入2滴正辛醇后重复(6)后半部分和(7)的操作，进行碱消煮、抽滤和洗涤。

(9)以上工作完成后，用吸管分别在消煮管上口加入25 mL左右95%乙醇，浸泡十几秒钟后抽干。

(10)将操作杆手柄稍用力压下后拉出定位装置，使升降架上升复位，戴上手套后将坩埚取出，移入恒温箱。

思考题

1. 饲料中粗纤维是在哪些公认的规定条件下测定的？如果这些规定的条件有变动，则所得结果可否作为粗纤维含量，试说明原因。

2. 粗纤维中含有哪3种主要组成成分？这3种组成成分是否全部在粗纤维内？

3. 中性洗涤纤维和酸性洗涤纤维各含有哪些成分？酸性洗涤纤维与粗纤维及真纤维有何不同？

实验七　饲料中粗灰分的测定

一、目的与要求

掌握饲料中粗灰分的测定方法，并用以测定各类饲料中的粗灰分含量。

二、基本原理

饲料经高温灼烧后的残留物称为灰分。其主要成分为饲料中的矿物质元素灼烧后生成的无机盐和氧化物。灰分占饲料干物质的3%～5%。由于饲料中常含少量泥土、沙粒等，故称为粗灰分。

三、实验仪器和材料

(1)实验室用样品粉碎机；

(2)分样筛：孔径0.45 mm(40目)；

(3)分析天平：感量0.000 1 g；

(4)瓷坩埚：容积30 mL；

(5)马福炉：(1 100±2)℃；

(6)干燥器：用无水氯化钙或变色硅胶为干燥剂。

四、操作步骤

(1)将洗净的坩埚和坩埚盖置于马福炉中，逐渐升温至550～600℃，灼烧30 min，断电，使炉温降至200℃以下后，移入干燥器中冷却30 min，称重，直至恒重。

(2)称取适量样品(风干样品1～2 g，鲜样2～5 g)于坩埚中，坩埚盖半开，在电炉上小心炭化(鲜样在炭化前先置于烘箱中干燥)至无烟。

(3)将烧热的坩埚钳把炭化后的坩埚移入马福炉中，坩埚盖打开少许，逐渐升温至550～600℃，直至样品全部为灰白色为止(需2～4 h)。若灰化不完全，可取出冷却，加几滴蒸馏水或3%过氧化氢溶液，蒸干水分，继续灰化至白色。

(4)灼烧完毕，待炉温降至低于200℃，将坩埚移入干燥器中冷却，30 min后称重。

五、结果和数据处理

计算公式

$$粗灰分=\frac{W_3-W_1}{W_2-W_1}\times 100\%$$

式中：W_1为恒重后空坩埚重，g；W_2为坩埚加样品量，g；W_3为灰化后坩埚和灰分重，g。

六、注意事项

(1)坩埚在使用前应充分洗涤。一般情况下用水或稀酸煮沸清洗。

(2)用电炉炭化时应小心,以防炭化过快,造成干物质剧烈干馏而导致部分样品颗粒被逸出的气体带走。

(3)用水湿润残灰时,不要直接洒在灰上,以免残灰飞扬,应从容器边缘注入。

(4)灰化后样品应呈白灰色,但颜色与样品中各元素含量有关。含铁高时为红棕色;含锰高时为淡蓝色。如有黑色炭粒,则灰化不完全,应重新放入马福炉灼烧直至呈灰白色。

(5)重复性

①每个样品取2个平行样进行测定,以其算术平均值为结果。

②粗灰分含量在5%以上,允许相对偏差为1%;粗灰分含量在5%以下,允许相对偏差为5%。

思考题

1. 坩埚加高热后,为什么坩埚钳需烧热后才可夹取?

2. 如何计算饲料中有机物质含量?

实验八　饲料中无氮浸出物的计算

一、目的与要求

根据饲料分析结果，学习计算饲料中无氮浸出物的含量。

二、基本原理

饲料中无氮浸出物主要包括淀粉、双糖、单糖、有机酸和不属于纤维素的其他碳水化合物。由于无氮浸出物的成分比较复杂，一般不进行分析，仅根据饲料中其他营养成分的分析结果计算而得。饲料中各种营养成分都包括在干物质中，因此饲料中无氮浸出物含量可按下列公式计算：

无氮浸出物＝100－(水分含量＋粗蛋白质含量＋粗脂肪含量＋粗纤维含量＋粗灰分含量)＝干物质含量－(粗蛋白质含量＋粗脂肪含量＋粗纤维含量＋粗灰分含量)

三、计算方法

(1)根据风干样品中各营养成分的分析结果，计算风干样品中无氮浸出物的含量。

(2)如果样品是鲜样，首先计算总水分，得出鲜样的干物质含量，再将测得风干样品中各种营养成分含量的结果换算成鲜样中各种营养成分含量。换算方式如下例题：

风干样品中干物质(%)＝80% 风干样品中粗蛋白质(%)＝12% 鲜样中干物质(%)＝30%鲜样中粗蛋白质(%)＝风干样品中粗蛋白质(%)×$\frac{\text{鲜样中干物质(\%)}}{\text{风干样品中干物质(\%)}}$＝$12\%\times\frac{30\%}{80\%}=4.5\%$

鲜样中干物质、粗蛋白质、粗脂肪、粗纤维和粗灰分的百分数均换算完毕后，才能计算鲜样中的无氮浸出物含量。

思考题

1. 计算无氮浸出物时，为什么饲料中钙、磷含量不计算在内？
2. 无氮浸出物中包括哪些成分？

第三节 饲料中部分纯养分的分析

实验九 饲料中钙的测定

一般饲料中钙含量不超过1%,但动物产品类饲料钙含量可达5%～11%。含有钙0.5%以上的样品通常采用化学分析法测定其含量。GB/T 6436—2002对饲料和含钙量较高的样品中钙的测定方法列出了高锰酸钾间接测钙法(仲裁法)和乙二胺四乙酸二钠(EDTA)络合滴定法等2种方法。

对于钙含量低的样品可采用原子吸收分光光度法,这种方法虽未能列入饲料分析的国标方法,但在食品、林业分析中已作为国家标准方法。该方法特别适用于大批样品的测定,准确度、精密度完全能满足饲料分析的国标方法。

本实验分别介绍高锰酸钾滴定法和EDTA络合滴定法。

高锰酸钾滴定法

一、目的和要求

掌握应用氧化还原滴定法测定饲料中钙含量,并用以测定各种样本的钙含量。

二、基本原理

试样经浓硫酸消化或样本中粗灰分用酸处理,使试样有机物破坏,钙变成溶于水的离子,并与盐酸反应生成氯化钙,再在溶液中加入草酸铵溶液,使钙成为草酸钙白色沉淀,然后用硫酸溶液溶解草酸钙,再用高锰酸钾标准溶液滴定游离的草酸根离子。根据高锰酸钾标准溶液的用量,可计算出试样中钙含量。

主要化学反应式如下:

$$CaCl_2 + (NH_4)C_2O_4 \longrightarrow CaC_2O_4 \downarrow + 2NH_4Cl$$

$$CaC_2O_4 + H_2SO_4 \longrightarrow CaSO_4 + H_2C_2O_4$$

$$2KMnO_4 + 5H_2C_2O_4 + 3H_2SO_4 \longrightarrow 10CO_2 \uparrow + 2MnSO_4 + 8H_2O + K_2SO_4$$

高锰酸钾滴定法是一个经典的测钙方法,应用范围较广,方法的优点是MnO_2有颜色,用它滴定无色或浅色的溶液时,一般不需另加指示剂,但$KMnO_4$溶液不够稳定,能与许多还原物质发生作用,干扰较多。本方法适用于单一饲料、配合饲料和浓缩饲料的分析测定,检出限为150 mg/kg。

三、实验仪器和材料

(一)实验仪器

试剂除特殊说明,均为分析纯,水为蒸馏水或同纯度水。

(1)实验室用样品粉碎机或研钵。

(2)分析筛:孔径 0.45 mm(40 目)。

(3)分析天平:分度值 0.000 1 g。

(4)高温电阻炉:可控制温度在(550±20)℃。

(5)坩埚:30～50 mL,瓷质。

(6)容量瓶:100 mL。

(7)滴定管:酸式,25 或 50 mL。

(8)玻璃漏斗:直径 6 cm。

(9)定量滤纸:中速,7～9 cm。

(10)移液管:10 或 20 mL。

(11)烧杯:200 或 250 mL。

(12)凯氏烧瓶:250 或 500 mL。

(13)可调电炉:1 000 W。

(二)试剂及配制

(1)盐酸溶液:1∶3(体积比)。

(2)硫酸溶液:1∶3(体积比)。

(3)氨水溶液:1∶1(体积比)。

(4)氨水溶液:1∶50(体积比)。

(5)42 $g \cdot L^{-1}$ 草酸铵溶液:溶解 42 g 分析纯草酸铵(HG 3-976)于水中,稀释至 1 000 mL。

(6)甲基红指示剂:0.1 g 分析纯甲基红(HG 3-958)溶于 100 mL 的 95%乙醇中。

(7)浓硝酸(GB 626,化学纯)。

(8)高氯酸(GB 623,分析纯):70%～72%。

(9)高锰酸钾标准溶液:$c(1/5KMnO_4)=0.05\ mol \cdot L^{-1}$。

称取高锰酸钾(GB 643)约 1.6 g 溶于 1 050 mL 水中,煮沸 10 min,冷却静置 1～2 d,用烧结玻璃器过滤,保存于棕色瓶中。标定方法见附录 6。

四、操作步骤和方法

(一)试样的选取与制备

取具有代表性试样至少 2 kg,用四分法将试样缩分至 250 g,粉碎过 0.45 mm 孔筛,混匀,装入密封容器,防止试样成分变化或变质。

(二)测定步骤

1. 试样分解　分为干法和湿法 2 种处理方法。

(1)干法:称取试样 2～5 g 于坩埚中,精确至 0.000 2 g,在电炉上小心低温炭化至无烟为止。再将其放入高温炉于(550±20)℃下灼烧3 h(或用测定粗灰分后的试样)。在盛有灰分的坩埚中加入1∶3盐酸溶液10 mL和浓硝酸数滴，小心煮沸。将此溶液转入100 mL容量瓶中，并以热蒸馏水洗涤坩埚及漏斗中滤纸，冷却至室温后，定容，摇匀，为试样分解液。

(2)湿法：用于无机物或液体饲料。称取试样2～5 g于凯氏烧瓶中，精确至0.000 2 g。加入浓硝酸30 mL，加热煮沸，至二氧化氮黄烟逸尽，冷却后加入高氯酸10 mL，小心煮沸至溶液无色，不得蒸干，否则有爆炸的危险。冷却后加蒸馏水50 mL，并煮沸驱逐二氧化氮，冷却后转入100 mL容量瓶中，用蒸馏水定容至刻度，摇匀，为试样分解液。

2. 试样的测定

(1)草酸钙的沉淀：用移液管准确吸取分解液10～20 mL(含钙量为20 mg左右)于烧杯中，加蒸馏水100 mL，甲基红指示剂2滴，滴加1∶1氨水溶液至溶液由红色变橙黄色，再滴加1∶3盐酸溶液至溶液又呈红色(pH=2.5～3.0)为止。小心煮沸，慢慢滴加草酸铵溶液10 mL，且不断搅拌。若溶液由红色变橙色，则应补滴1∶3盐酸溶液至最终为红色，煮沸数分钟后，放置过夜使沉淀陈化(或在80℃水浴上加热2 h)。

(2)沉淀物的洗涤：陈化后溶液用中速定量滤纸过滤，用1∶50的氨水溶液洗沉淀物6～8次，至无草酸根离子为止(检验：用试管接取滤液2～3 mL，加1∶3硫酸溶液数滴，加热至80℃，再加高锰酸钾溶液1～2滴，溶液呈微红色，且30 s不退色)。

(3)沉淀的溶解与滴定：将沉淀物和滤纸转入原烧杯中，加1∶3硫酸溶液10 mL，蒸馏水50 mL，加热至75～85℃，立即用0.05 mol·L^{-1}高锰酸钾标准溶液滴定至溶液呈微红色，且30 s不退色为止。

(4)空白测定：在干净烧杯中加与(2)中相同规格滤纸1张，1∶3硫酸溶液10 mL，蒸馏水50 mL，加热至75～85℃，用高锰酸钾标准溶液滴定至溶液呈微红色且30 s不退色即可。

五、结果和数字处理

1. 试样中钙的质量分数　按下列公式计算：

$$\omega(Ca)=\frac{(V_3-V_0)\times c\times 0.02}{m}\times\frac{V_1}{V_2}$$

式中：m为试样质量，g；V_1为样品灰化液定容体积，mL；V_2为测定钙时样品溶液移取用量，mL；V_3为滴定时消耗高锰酸钾标准溶液体积，mL；V_0为滴定空白液高锰酸钾用量，mL；c为高锰酸钾标准液浓度，mol·L^{-1}；0.02为与1.00 mL高锰酸钾标准液[$c(1/5KMnO_4)$=1.00 mol·L^{-1}]相当以克表示的钙的质量。

2. 重复性　每个试样应取2个平行样进行测定，以其算术平均值为分析结果。

钙含量在5%以上，允许相对偏差3%；钙含量在5%～1%时，允许相对偏差5%；钙含量在1%以下，允许相对偏差10%。

六、注意事项

(1)高锰酸钾溶液浓度不稳定，至少每月需要标定1次。

(2)每种滤纸空白值不同，消耗高锰酸钾标准溶液的用量不同，至少每盒滤纸做一次空白测定。

(3)洗涤沉淀中草酸铵时,必须沿滤纸边缘向下加氢氧化铵液,使沉淀集中于滤纸中心,以免损失。每次洗涤过滤时,都必须等上次洗涤液完全滤净后再加,每次洗涤溶液量不得超过漏斗体积的 2/3,以免沉淀向滤纸的边缘移,如此进行,易于洗净沉淀中草酸铵。

(4)沉淀的最佳温度为 80～90℃,溶液近沸腾时,立即沉淀;滴定的最佳温度为 70～80℃,过高,使 $H_2C_2O_4$ 分解,导致结果偏低。

(5)用高锰酸钾标准液滴定时要保持样品溶液在酸性条件、75～85℃温度下。滴定速度要保持始慢、中快、终慢的原则。

(6)在可调电炉上消化样品时,开始温度不宜过高,以防反应太激烈,发生危险。最后提高温度驱尽高氯酸,但千万不能蒸干以防引起爆炸。

(7)沉淀时应加入足够的草酸铵溶液,以免引起负的误差;在陈化过程中要防止溶液煮干。

思考题

1. 简述高锰酸钾法测定饲料中钙含量的原理。
2. 目前测定饲料中钙含量的方法有哪些?
3. 草酸钙沉淀的最佳条件是什么?
4. 滴定时要注意什么?
5. 为什么要用氢氧化氨冲洗草酸钙沉淀直到剩余的草酸铵洗净为止?
6. 样本溶液中为何需先加氢氧化铵后又加盐酸?
7. 用高锰酸钾法测定的优、缺点各是什么?
8. 在干法处理试样时如不过滤是否影响测定结果?
9. 在干法处理试样时,出现熔融状或黑色碳粒,应如何处理?

附:乙二胺四乙酸二钠(EDTA)络合滴定快速测钙法

一、目的和要求

掌握应用络合滴定法测定饲料中钙含量法。

二、测定原理

将试样中有机物破坏,使钙溶解制备成溶液,用三乙醇胺、乙二胺、盐酸羟胺和淀粉溶液消除干扰离子的影响。在碱性溶液中,以钙黄绿素为指示剂,用 EDTA 标准溶液络合滴定钙,可快速测定钙的含量。此方法适用于配合饲料、浓缩饲料、预混合饲料和单一饲料中钙的快速测定。

反应方程式简写如下:

$Ca^{2+}+In^{2-}=CaIn$(红色不稳定)　In 为钙红指示剂

$Ca^{2+}+y^{4-}=Cay^{2-}$(无色)$+2H^{+}$　y^{4-} 为 EDTA 液

三、实验仪器及材料

(一)实验仪器

(1)实验室用样品粉碎机或研钵。

(2)分析筛:孔径0.45 mm(40目)。

(3)分析天平:分度值0.000 1 g。

(4)高温电阻炉:可控制温度在(550±20)℃。

(5)坩埚:30～50 mL,瓷质。

(6)容量瓶:100 mL

(7)滴定管:酸式,25或50 mL.

(8)玻璃漏斗:6 cm直径。

(9)定量滤纸:中速,7～9 cm。

(10)移液管:10或20 mL。

(11)烧杯:200 mL。

(12)凯氏烧瓶:250或500 mL。

(13)可调电炉。

(二)试剂及配制

本方法所用试剂除特殊要求外,均为分析纯,水为蒸馏水或同等纯度水。

(1)盐酸羟胺(分析纯)。

(2)盐酸:分析纯,1∶3水溶液(体积比)。

(3)三乙醇胺溶液:1∶1水溶液(体积比)。

(4)乙二胺溶液:1∶1水溶液(体积比)。

(5)钙黄绿素、甲基百里香酚蓝指示剂:0.1 g钙黄绿素与0.13 g甲基百里香酚蓝,5 g氯化钾研细混匀,储存于磨口瓶中备用。

(6)200 g·L^{-1}氢氧化钾溶液:称取20 g氢氧化钾溶于100 mL水中。

(7)1 g·L^{-1}孔雀石绿指示剂:0.1 g指示剂溶于100 mL蒸馏水。

(8)10 g·L^{-1}淀粉溶液:称取1 g可溶性淀粉放入200 mL烧杯中,加5 mL水润湿。加95 mL沸水搅拌,煮沸,冷却备用(现配现用)。

(9)0.001 0 g/mL钙标准溶液:称取2.497 g于105～110℃干燥至恒重的基准碳酸钙,溶于40 mL(1+3)盐酸溶液中,加热去除二氧化碳,冷却,用水转移至1 000 mL容量瓶中,稀释至刻度。

(10)乙二胺四乙酸二钠(EDTA)标准溶液。

①配制:称取3.8 g EDTA放入200 mL烧杯中,加200 mL水,加热溶解冷却后转至1 000 mL容量瓶中,用水稀释至刻度。

②标定:见附录6。

四、操作步骤和方法

(一)试样分解

同高锰酸钾法。

(二)测定

准确移取分解液 5～25 mL(含钙量 2～25 mg)于 150 mL 三角瓶中,加蒸馏水 50 mL,10 g・L^{-1} 淀粉溶液 10 mL,三乙醇胺(1∶1)溶液 2 mL,乙二胺(1∶1)溶液 1 mL(用淀粉、三乙醇胺、乙二胺、盐酸羟胺消除其他金属离子的干扰,其中三乙醇胺作为掩蔽剂,掩蔽 Al^{3+},Fe^{3+} 及少量 Mn^{2+},Mg^{2+}。每加完一种试剂要充分摇匀,然后加孔雀石绿 1 滴(变色范围:pH 值为 11.5～13.2,蓝绿至无色),摇匀。滴加 200 g・L^{-1} 氢氧化钾溶液至无色,再过量 10 mL,加入 0.1 g 盐酸羟胺,摇匀溶解后,加钙黄绿素指示剂少许,使颜色呈现出墨绿色。在黑色背景下,立即用 0.01 mol・L^{-1} 乙二胺四乙酸二钠(EDTA)标准溶液滴定至绿色荧光消失,呈现紫红色为终点。同时做空白测定。

五、结果与数字处理

1. 钙的含量计算结果　按下列公式计算:

$$钙的含量=\frac{T\times V_2}{m\times\frac{V_1}{V_0}}\times100\%=\frac{T\times V_2\times V_0}{m\times V_1}\times100\%$$

式中:T 为 EDTA 标准溶液对钙的滴定度,g・mL^{-1};V_0 为试样分解液的总体积,mL;V_1 为分取试样分解液的体积,mL;V_2 为实际消耗 EDTA 标准滴定溶液的体积,mL;m 为试样的质量,g。

所得结果应表示至 2 位小数。

2. 重复性　含钙量在 10%以上,允许相对偏差 2%;含钙量 5%～10%时,允许相对偏差 3%;含钙量 1%～5%时,允许相对偏差 5%;含钙量 1%以下,允许相对偏差 10%。

六、注意事项

(1)每个试样取 2 个平行样进行测定,以其算术平均值为结果。

(2)高锰酸钾溶液浓度不稳定,至少每月标定一次。

(3)该方法比高锰酸钾法简单、快速,但干扰较多,相对误差可能高一些。但作为饲料工厂日常检验是很方便的。

(4)被滴定的溶液钙浓度要与滴定剂 EDTA 溶液浓度相近,以保证滴定终点准确性。

(5)滴定酸度(pH 值>12)不能太低,否则易产生水解效应,使 Ca^{2+} 浓度降低;酸度太高则形成其他一些络合物,使总的络合物增加。

思考题

1. 简述 EDTA 络合滴定快速测钙法原理。
2. 试验中加入三乙醇胺的作用是什么?
3. 本方法与高锰酸钾滴定法有什么不同,各有何优越性?

实验十 饲料中总磷的测定

磷的测定方法多采用分光光度法，但是显色方法不同，分为钒钼黄比色法和钒钼蓝比色法等。GB/T 6437—2002采用钒钼黄比色法，应用此法测定磷含量，一般适用于磷浓度范围较宽，含磷量在0.2%以上的样品。标准磷的比色线性范围在0.25～20 $\mu g \cdot mL^{-1}$ 磷，且特别适宜含有高铁离子和硅盐离子的样品溶液。因高铁离子和硅盐离子经常在钼蓝比色法中发生干扰，而用钒钼黄比色法测定磷，显色溶液颜色稳定(24 h)，干扰因子少，显色条件要求不十分严格，操作简便。而钒钼蓝比色法生成物颜色较深，大大提高了测定的灵敏度，标准磷的比色线性范围在0.1～1.0 $\mu g \cdot mL^{-1}$ 磷，适合测定含微量磷的样品。下面分别介绍这2种方法。

一、钒钼黄比色法

本方法适用于配合合饲料、浓缩饲料、预混合饲料和单一饲料中总磷量的测定。测定范围磷含量为0～20 $\mu g \cdot mL^{-1}$。

(一)目的

掌握应用比色法测定饲料中磷的含量法，并用以测定各种样本的含磷量。

(二)原理

先将试样中有机物破坏，使磷游离出来，在酸性溶液中，用钒钼酸铵处理，生成黄色的 $(NH_4)_3PO_4 \cdot NH_4VO_3 \cdot 16MoO_3$(磷-钒-钼酸复合体)，在波长420 nm下进行比色测定。

此法测得结果为总磷量，其中包括动物难以吸收利用的植酸磷。

主要化学反应式：

$$H_3PO_4+16(NH_4)_3MoO_4+HNO_3+NH_4VO_3 \longrightarrow$$
$$(NH_4)_3PO_4 \cdot NH_4VO_3 \cdot 16MoO_3+NH_4NO_3+44NH_3\uparrow+16H_2O+8H_2\uparrow$$

(三)实验仪器及材料

1. 实验仪器

(1)实验室用样品粉碎机或研钵。

(2)分样筛：孔径0.45 mm(40目)。

(3)分光光度计。

(4)坩埚：瓷质。

(5)容量瓶：50，100，1 000 mL。

(6)分析天平：分度值0.000 1 g。

(7)高温炉：可控温度在(550±20)℃。

(8)刻度移液管：1.0，2.0，3.0，5.0，10 mL。

(9)凯氏烧瓶：250或500 mL。

(10)可调温电炉:1 000 W。

2.试剂及配制　所用试剂除特殊说明外,均为分析纯,水为蒸馏水或同等纯度的水。

(1)浓硝酸(GB 626):化学纯。

(2)高氯酸(GB 623):分析纯。

(3)盐酸(GB 622,化学纯)溶液:1∶1水溶液(体积比)。

(4)钒钼酸铵显色剂:称取偏钒酸铵(HG 3-941,分析纯)1.25 g,加浓硝酸250 mL;另称取钼酸铵(GB 657,分析纯)25 g,加蒸馏水400 mL溶解,在冷却条件下将此溶液倒入偏钒酸铵硝酸溶液,将2种溶液混合,且用蒸馏水定容至1 000 mL。避光保存,若生成沉淀则不能使用。

(5)磷标准溶液:将磷酸二氢钾(分析纯)在105℃干燥1 h,在干燥器中冷却后称取0.219 5 g,溶解于蒸馏水中,定量转入1 000 mL容量瓶中,加硝酸3 mL,用蒸馏水稀释至刻度,摇匀,即为50 $\mu g \cdot mL^{-1}$的磷标准液。

(四)操作步骤和方法

1.试样制备　取有代表性试样2 kg,用四分法将试样缩分至250 g,粉碎过0.45 mm孔筛,装入密封容器,防止试样成分变质。

2.试样的分解

(1)干法(不适用于含$Ca(H_2PO_4)_2$的饲料):称取2～5 g(准确至0.000 2 g)试样于坩埚中,在电炉上小心低温炭化至无烟为止,再将其放入高温炉,在(550±20)℃下灼烧3 h(或测粗灰分后继续进行),取出冷却,在坩埚中加入1∶1盐酸溶液10 mL和浓硝酸数滴,小心煮沸约10 min。冷却后将此溶液转入100 mL容量瓶中,并用热蒸馏水洗涤坩埚及漏斗中滤纸,冷却至室温后,定容,摇匀,为试样分解液。

(2)湿法:称取试样2～5 g(准确至0.000 2 g)于凯氏烧瓶中。加入硝酸(GB 626,化学纯)30 mL,小心加热煮沸,至二氧化氮黄烟逸尽,冷却后加入高氯酸(GB 623,分析纯)10 mL,继续加热煮沸至溶液无色,不得蒸干,否则有爆炸的危险。冷却后加蒸馏水50 mL,并煮沸驱逐二氧化氮,冷却后转入100 mL容量瓶中,用蒸馏水稀释定容至刻度,摇匀,为试样分解液。

(3)盐酸溶解法(适用于微量元素预混料):称取试样0.2～1 g(精确至0.000 2 g)于100 mL烧杯中缓缓加入1∶1盐酸溶液10 mL,使其全部溶解,冷却后转入100 mL容量瓶中,用蒸馏水定容至刻度,摇匀,为试样分解液。

3.标准曲线的绘制　分别准确移取磷酸标准液(50 $\mu g \cdot mL^{-1}$)0,1.0,2.0,4.0,8.0,16.0 mL于50 mL容量瓶中,各加入钒钼酸铵显色剂10 mL,用蒸馏水稀释至刻度,摇匀,常温下放置10 min以上,以0.0 mL溶液为参比,用1 cm比色皿,在420 nm波长下,用分光光度计测定各溶液的吸光度。以磷含量为横坐标,吸光度为纵坐标,绘制标准曲线。

4.试样的测定　准确移取试样分解液1～10.0 mL(含磷量50～750 $\mu g \cdot mL^{-1}$)于50 mL容量瓶中,加入钒钼酸铵显色剂10 mL,用水稀释至刻度,摇匀,常温下放置10 min以上,用1 cm比色皿,在420 nm波长下,用分光光度计测定试样分解液的吸光度。用标准曲线查得试样分解液的含磷量。

(五)结果与数字处理

1. 以质量分数表示磷含量　计算公式：

$$\omega(P)=\frac{m_1\times V}{m\times V_1\times 10^6}\times 100=\frac{m_1 V}{m V_1\times 10^4}$$

式中：m 为试样的质量，g；m_1 为由标准曲线查得试样分解液磷含量，μg；V 为移取试样分解液的总体积，mL；V_1 为试样测定时移取分解液的体积，mL。

所得到的结果应精确到 2 位小数。

2. 重复性

(1)每个试样称取 2 个平行样进行测定，以其算术平均值为测定结果。

(2)当样品中磷含量在 0.5%以下时，其分析结果允许的相对偏差为 10%；

(3)当样品中磷含量 0.5%以上(含 0.5%)时，其分析结果允许的相对偏差为 3%。

(六)注意事项

(1)比色时，待测液磷含量不宜过高，含磷量最好控制在 0.5 mg/mL 以下。

(2)待测液在加入试液后应静置 10 min，再进行比色，但不能静置过久，显色时间在 10 min 至 4 h，吸光度达最大且恒定，对测定结果没有影响。

(3)本方法对于含有大量 $CaHPO_4$ 和 $Ca(PO_4)_2$ 的饲料样品不适用，例如肉骨粉，可采用磷钼酸喹啉沉淀法测定。

(4)如果采用湿化法分解含有机物质的样品，必须注意高氯酸不能直接与样品接触，否则引起爆炸，应先加入浓 HNO_3 浸泡样品 4～6 h，或先用 HNO_3 消化待黄烟逸尽后再加入高氯酸。

二、钒钼蓝比色法

(一)原理

饲料样品中的磷，经灰化或消化后成为磷酸盐。在酸性溶液中，磷酸根与钼酸铵结合成为钼酸磷铵(黄色沉淀)，在还原剂的作用下即变成蓝色物质“钼蓝”(MoO_3 和 Mo_2O_5 的混合物)。根据蓝色的深浅，用比色法可测出样品中磷的含量。其主要反应式为：

$$2H_3PO_4 + 24(NH_4)_2MoO_4 + 21H_2SO_4 \longrightarrow 2(NH_4)_3PO_4\cdot 12MoO_3\downarrow + 21(NH_4)_2SO_4 + 24H_2O$$

$$(NH_4)_3PO_4\cdot 12MoO_3 \xrightarrow{\text{还原剂}} (MoO_2\cdot 4MoO_3)_2\cdot H_3PO_4\cdot 4H_2O$$

(二)实验仪器及材料

1. 实验仪器

(1)分光光度计。

(2)分析天平：分度值 0.000 1 g。

(3)实验室常用玻璃仪器。

2. 试剂及配制

(1)0.5%对氢醌溶液：临用时配制，并加浓硫酸 1 滴。

(2)20%亚硫酸钠溶液:用时现配。

(3)磷标准溶液:准确称取 0.043 9 g 磷酸二氢钾溶于水中,移入 1 000 mL 容量瓶中,并用蒸馏水稀释至刻度,摇匀。此溶液磷浓度为 10 $\mu g \cdot mL^{-1}$。

(4)钼酸铵溶液:溶解 25 g 钼酸铵于 300 mL 水中。另将 75 mL 浓硫酸徐徐加入 100 mL 水中,将此 200 mL 稀硫酸加入 300 mL 钼酸铵溶液中即可,储于棕色试剂瓶内备用。

(三)操作步骤和方法

1. 试样制备　取具有代表性试样 2 kg,用四分法将试样缩分至 250 g,粉碎过 0.45 mm 孔筛,装入密封容器,防止试样成分变质。

2. 试样的分解

(1)干法:称取试样 2～5 g(准确至 0.000 2 g)于坩埚中,在电炉上小心低温炭化至无烟为止,再将其放入高温炉,在(550±20)℃下灼烧 3 h(或测粗灰分后继续进行),取出冷却,在坩埚中加入 1∶1 盐酸溶液 10 mL 和浓硝酸数滴,小心煮沸约 10 min。冷却后将此溶液转入 100 mL 容量瓶中,并用热蒸馏水洗涤坩埚及漏斗中滤纸,冷却至室温后,定容,摇匀,为试样分解液。

(2)湿法:称取试样 2～5 g(准确至 0.000 2 g)于凯氏烧瓶中。加入硝酸(GB 626,化学纯)30 mL,小心加热煮沸,至二氧化氮黄烟逸尽,冷却后加入高氯酸(GB 623,分析纯) 10 mL,继续加热煮沸至溶液无色。不得蒸干,否则有爆炸的危险。冷却后加蒸馏水 50 mL,并煮沸驱逐二氧化氮,冷却后转入 100 mL 容量瓶中,用蒸馏水稀释定容至刻度,摇匀,为试样分解液。

3. 标准曲线的绘制　分别准确移取磷酸标准液 0,1.0,2.0,3.0,4.0,5.0,6.0,7.0,8.0 mL 于 25 mL 容量瓶中,各加入钼酸铵溶液 2 mL、20%亚硫酸钠溶液 1 mL、0.5%对氢醌溶液 1 mL,用水稀释至刻度,摇匀,放置 30 min(使显色反应更充分)。以空白(0 mL 磷标准溶液)为零点,在 600～700 nm 波长下,用分光光度计测定各溶液的吸光度。以标准磷含量为横坐标,吸光度为纵坐标,绘制标准曲线。

4. 试样的测定　准确移取试样分解液 2 mL 于 25 mL 容量瓶中,依次加入 2 mL 钼酸铵溶液、20%亚硫酸钠溶液 1 mL、0.5%对氢醌溶液 1 mL,用水稀释至刻度,摇匀。另做一空白试验,以空白液为零点,测量样品液的吸光度,在标准曲线上查出磷的含量。

(四)结果与数字处理

以质量分数表示磷含量。

计算公式:

$$样品中磷含量=\frac{A\times 10^{-6}}{m\times \dfrac{V_1}{V_2}}\times 100\%$$

式中:m 为试样的质量,g;A 为由标准曲线查得试样分解液磷含量,μg;V_2 为样品灰化后溶液的总体积,mL;V_1 为从 V_2 中分取的溶液体积,mL。

所得到的结果应精确到 0.01%。

(五)实验注意事项

(1)每个试样称取 2 个平行样进行测定,以其算术平均值为测定结果。当样品中磷含量

0.5%以下时，其分析结果允许的相对偏差为10%；当样品中磷含量0.5%以上时，其分析结果允许的相对偏差为3%。

(2)本法采用测定灰分时的灰样溶于硝酸，定容至50 mL。

思考题

1.简述钼黄法测定饲料中总磷含量的原理。

2.经用灰化法或消化法制备的样本液如果浑浊，是否会影响磷的比色结果？

3.采用钒钼黄比色法测定样本中磷含量，在操作步骤中较钼蓝法有何优越性？

4.在试样干法处理过程中温度太高对结果有何影响？

5.简述用"钼蓝"法测定磷的原理。

6.测磷时形成"钼蓝"的溶液为什么需静置0.5 h后再比色？

7.用灰化法或消化法制备的样本液如果浑浊，是否会影响磷的比色结果？

实验十一　饲料中水溶性氯化物的测定

按照 GB/T 6439—92 饲料中水溶性氯化物的测定方法，可用于各种配合饲料、浓缩饲料和单一饲料中水溶性氯化物的测定。检测范围为 0～60 mg 氯。

一、目的和要求

掌握用硝酸银滴定法测定饲料中的氯化物含量。

二、基本原理

含有氯离子的溶液，在酸性条件下，加入过量硝酸银溶液使样品溶液中的氯化物形成氯化银沉淀，除去沉淀后，用硫氰酸铵标准溶液回滴过量的硝酸银，根据消耗的硫氰酸铵溶液的量，计算出其氯化物的含量。

三、实验仪器及材料

1. 仪器和设备

(1)实验室用样品粉碎机或研钵。

(2)分析筛：孔径 0.45 mm(40 目)。

(3)分析天平：分度值 0.000 1 g。

(4)刻度移液管：2，10，25，50 mL。

(5)滴定管：酸式，25 mL。

(6)容量瓶：100，1 000 mL

(7)定量滤纸：快速，直径 12.5 cm。

(8)烧杯：250 mL。

(9)三角瓶：150，250 mL。

2. 试剂及配制　实验室用水为三级水，使用试剂除特殊规定外应为分析纯。

(1)硝酸。

(2)氨水溶液 1∶19(体积比)。

(3)硫酸铁溶液(60 g·L^{-1})：称取分析纯硫酸铁[$Fe_2(SO_4)_3 \cdot xH_2O$]60 g，加水微热溶解后，稀释成 1 000 mL。

(4)硫酸铁指示剂：250 g·L^{-1} 的硫酸铁水溶液，过滤除去不溶物，与等体积的浓硝酸混合均匀。

(5)硫氰酸铵溶液 $c(NH_4CNS)$=0.02 mol·L^{-1}：称取硫氰酸铵 1.52 g 溶解成 1 000 mL 水溶液，浓度为 0.02 mol·L^{-1}。

(6)氯化钠标准储备溶液:基准级氯化钠于 500℃灼烧 1 h,干燥器中冷却保存,准确称取 5.845 4 g 溶解于蒸馏水中,转入 1 000 mL 容量瓶中,用蒸馏水稀释至刻度,摇匀。此氯化钠标准储备液的浓度为 $c(NaCl)=0.100\ 0\ mol \cdot L^{-1}$。

(7)氯化钠标准工作液:准确吸取氯化钠标准储备溶液 20.00 mL 于 100 mL 容量瓶中,用蒸馏水稀释至刻度,摇匀。此氯化钠标准溶液的浓度为 $c(NaCl)=0.020\ 0\ mol \cdot L^{-1}$。

(8)硝酸银标准溶液 $c(AgNO_3)=0.02\ mol \cdot L^{-1}$:称取 3.4 g 硝酸银(AR)溶于蒸馏水中,并定容至 1 000 mL,储于棕色瓶内。

(9)硝酸银标准溶液与硫氰酸铵溶液的体积比 F:吸取硝酸银标准溶液 20.00 mL,加硝酸 4 mL,硫酸铁指示剂 2 mL,在剧烈摇动下用硫氰酸铵溶液滴定,滴至终点为持久的淡红色,由此计算两溶液的体积比 F。

$$F=\frac{20.00}{V}$$

式中:F 为硝酸银标准溶液与硫氰酸铵溶液的体积比;20.00 为所取硝酸银标准溶液的体积,mL;V 为滴定所消耗的硫氰酸铵溶液体积,mL。

(10)硝酸银标准溶液浓度的标定:见附录 6。

四、操作步骤和方法

1. 样品的选取和制取　选取有代表性的样品,粉碎至 40 目,用四分法缩减至 200 g,密封保存,以防止样品组分的变化或变质。

2. 氯化物的提取　称取样品适量于三角瓶中,准确至 0.000 2 g。准确加入硫酸铁溶液 50 mL,氨水溶液 100 mL,搅拌数分钟,放置 10 min,用干的快速滤纸过滤。

3. 测定　准确吸取含氯化物的滤液 50.00 mL,于 100 mL 容量瓶中,加浓硝酸 10 mL、硝酸银标准溶液 25.00 mL,用力振荡使沉淀凝结,用蒸馏水稀释至刻度,摇匀,静置 5 min,过滤于 150 mL 干锥形瓶中或静置(过夜)陈化,吸取滤液(澄清液)50.00 mL,加硫酸铁指示剂 10 mL,用硫氰酸铵溶液滴定,出现淡橘红色,且 30 s 不退色即为终点。

五、结果与数字处理

饲料中水溶性氯计算,氯化物含量用氯元素的质量分数来表示。

$$w(Cl^-)=\frac{\left(V_1-V_2F\times\frac{100}{50}\right)\times c\times 0.035\ 5}{m\times\frac{50}{150}}\times 100\%$$

$$w(NaCl)=\frac{\left(V_1-V_2F\times\frac{100}{50}\right)\times c\times 0.058\ 45}{m\times\frac{50}{150}}\times 100\%$$

式中：m 为样品质量，g；V_1 为硝酸银溶液体积，mL；V_2 为滴定消耗的硫氰酸铵溶液体积，mL；F 为硝酸银与硫氰酸铵溶液体积比；c 为硝酸银的物质的量的浓度，mol·L^{-1}；0.035 5 为与 1.00 mL 硝酸银标准溶液[$c(AgNO_3)$ = 1.000 0 mol·L^{-1}]相当的，以克表示的氯元素的质量；0.058 45 为与 1.00 mL 硝酸银标准溶液[$c(AgNO_3)$ = 1.000 0 mol·L^{-1}]相当的，以克表示的氯化钠的质量。

所得结果表示至 2 位小数。

六、注意事项

(1)重复性：每个样品应取 2 份平行样进行测定，以其算术平均值为分析结果。氯含量≤3%，允许绝对差 0.05；氯含量>3%，允许相对偏差 3%。

(2)本法测定中是根据氯离子(Cl^{-1})来计算氯化钠含量的，但由于配合饲料或单一饲料(如鱼粉或合成赖氨酸或盐酸硫胺素等)中都带入氯离子，所以此估测值仅供参考。

(3)标定硝酸银溶液或滴定试样滤液时，速度应快速，且又不要过分剧烈摇动，以防下列反应发生：

$$AgCl + CNS^- = AgCNS + Cl^-$$

这样会因氯化银沉淀转化成硫氰酸银沉淀，消耗的硫氰酸铵溶液增加，而使结果偏低。

(4)水溶性氯也可和硝酸银标准溶液直接滴定，以铬酸钾作指示剂，氯离子与 Ag^+ 沉淀后，过量的 Ag^+ 与铬酸根生成砖红色铬酸银沉淀，指示终点。快速测定方法如下：

称取试样 5～10 g，准确至 0.001 g，准确加蒸馏水 200 mL，搅拌 15 min，放置 15 min，准确移取上清液 200 mL，加蒸馏水 50 mL，100 g·L^{-1} 铬酸钾指示剂 1 mL，用硝酸银溶液滴定，呈现砖红色，且 1 min 不退色为终点。

氯化物含量计算公式：

$$w(NaCl) = \frac{V_2 \times c \times 200 \times 0.058\,45}{m \times 20} \times 100\%$$

式中：m 为样品质量，g；V_2 为硝酸银溶液滴定体积，mL；c 为硝酸银的物质的量的浓度，mol·L^{-1}。

(5)利用硫氰酸铵滴定硝酸银间接测定氯，这是经典的沉淀滴定法，但分析步骤冗长。目前离子色谱已大量应用于科研和生产，在有仪器条件下，用离子色谱测定水溶性氯是十分方便的。采用阴离子色谱柱，流动相为碳酸钠和碳酸氢钠溶液，提取的水溶液可直接进样分析。

思考题

1. 简述饲料中水溶性氯化物的测定原理。
2. 为什么要在溶液中加入过量的硝酸银溶液？
3. 在操作过程中应注意哪些事项？

附:饲料中水溶性氯化物的快速测定

一、方法原理

利用氯离子选择电极在溶液中的电位值与溶液中氯离子的对数值之间存在线性函数关系,即电极对氯离子的活度呈奈斯特响应,选择一定的缓冲溶液控制总离子强度,消除干扰元素的影响,从而快速测定饲料中水溶性氯化物的含量。

二、实验仪器及材料

1. 实验仪器

(1)离子活度计 P×S—215 型功 PHS—2 酸度计。

(2)217 型双盐桥甘汞(801 型双接液电极)。

(3)氯离子选择电极 301 型(PCL—1)型。

(4)磁力搅拌器。

2. 试剂及配制

(1)氯化钠标准储备液:称取于 500℃灼烧 1 h 冷却后的基准氯化钠 20 g,加入 250 mL 烧杯中,用水溶解,转移到 1 000 mL 容量瓶中,用水稀释至刻度摇匀。此液氯化钠浓度为 20 mg · L^{-1}。

(2)氯化钠标准工作液:移取氯化钠标准储备溶液 25 mL,加入 100 mL 容量瓶中,用水稀释至刻度摇匀。此溶液氯化钠浓度为 5 mg · L^{-1}。

(3)总离子强度缓冲液:称取 50.6 g 硝酸钾,放入 500 mL 烧杯中,用 0.01 mol · L^{-1} 硝酸溶液溶解,转移至 100 mL 容量瓶中,并用 0.01 mol · L^{-1} 硝酸溶液冲至刻度,摇匀。

三、操作步骤和方法

1. 标准曲线的绘制　分别取 0.00,0.10,1.00,2.00,4.00,10.00 mL 氯化钠标准工作液,加入 6 个 50 mL 容量瓶中。不足 10 mL 的用水补至 10 mL。用总离子强度缓冲溶液稀释至刻度,摇匀,即得 0.00,0.50,5.00,10.0,20.0,50.0 mg · mL^{-1} 的氯化钠标准系列。将上列标准溶液分别倒入 50 mL 的干烧杯中,放入搅拌子一支。以 PCL—1 电极为指示电极,217 型双盐桥电极(外接液电极,内装 2 mol · L^{-1} 硝酸钾溶液)为参比电极,搅拌 3 min 于离子活度计上读取毫伏数。用半对数坐标纸 E 值(毫伏数)为纵坐标,以 $\log Ct$ 氯化钠为横坐标,绘制标准曲线。

2. 测定步骤

(1)样品处理:准确称取试样 4～5 g(精确至 0.000 2 g),加入 200 mL 三角瓶中,准确加入 100 mL 水。振荡 5 min 干过滤(中速定性滤纸)。滤液用 50 mL 干烧杯接取。

(2)测定:吸取滤液 10 mL,加入 50 mL 容量瓶中。用总离子强度缓冲溶液加至刻度摇匀,按标准曲线操作步骤,测定电压(mV),由标准曲线查得氯化钠的含量。

四、结果与数字处理

可溶性氯化物(以 NaCl 计)含量按下式计算:

$$w(\mathrm{NaCl})=\frac{m_1}{m\times100\times\frac{V_1}{V_0}}\times100\%$$

式中:m_1 为同标准曲线上查出氯化钠的质量,μg;V_1 为测定时所取滤液的体积,mL;V_0 为试样滤液总体积,mL;m 为试样质量,g。

实验十二　饲料中氨基酸的测定

饲料中氨基酸的分析通常主要包括2种情况：一是对饲料原料和各种配合饲料产品中以蛋白质形式存在或游离氨基酸含量的测定；二是饲料级氨基酸添加剂单制剂中氨基酸含量的测定。经典的氨基酸分析方法是采用离子交换层析来分离各种氨基酸，分离后的氨基酸与茚三酮(ninhydrin)进行柱后反应，然后定量测定，但茚三酮法灵敏度差、检测限较低，仅能在纳克(ng)水平上进行检测。而且此法受到流动相速度低的限制，分析速度相对较慢。此外，在用此法进行饲料样本的分析过程中，常采用样本量很少的前处理方法，由于饲料均匀性较差，使结果在同一样本、不同次处理和不同实验室测定之间产生了较大的变异，这一缺陷尚待克服。

近年来，由于高效液相色谱技术(HPLC)的迅速发展，为氨基酸分析提供了更加快速和准确的技术保障，许多学者对柱前、柱后的衍生剂进行了大量研究，提出许多氨基酸的HPLC方法。其中主要包括DNS(dansylchloride)(丹磺酸法)、OPA(o-phthaldehyde)(邻苯二甲醛法)、FMOC(9-fluorenylmethylchoroformate)和PITC(phenylisothiocyante)(异硫氰酸苯酯)等。1993年，Waters公司的氨基酸分析专家S. A. Cohen等人合成了一种新的柱前衍生剂：6-氨基喹啉-N-羟基-琥珀酰亚胺基甲酸酯(AQC)，并将其用于氨基酸分析。这些方法的应用，缩短了氨基酸分析所需要的时间，提高了分析的灵敏度，可在1×10^{-9} g水平上进行检测。目前已成为氨基酸的一种有效分离技术，而且这种技术对氨基酸分析者来说，是可以选择的。因此，已受到生物、医学、化学、环保、食品和饲料工业方面的高度重视。

本节着重介绍氨基酸总量的测定和氨基酸组成的测定(即分别用离子交换树脂法和高效液相色谱法对饲料原料和配合饲料产品中氨基酸的测定)。

A. 样品中氨基酸总量的测定

蛋白质是非常复杂的含氮有机化合物。蛋白质可以用酸水解(盐酸水解)、碱水解或酶水解，水解中间产物为肽等，最终产物是氨基酸。蛋白质在人体中的消化也是如此。氨基酸是构成蛋白质的最基本物质。

茚三酮分光光度法

一、测定原理

在pH值为8.04的缓冲溶液中氨基酸与茚三酮生成蓝紫色化合物，其颜色的深浅与含量成正比，以此测定氨基酸的含量。反应式为：

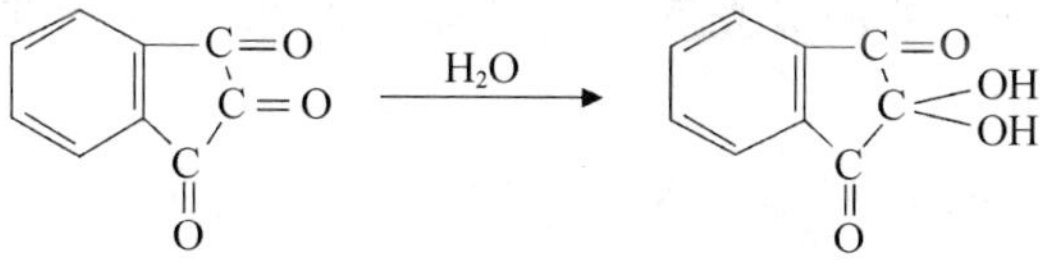

茚三酮　　　　　　　　水合茚三酮

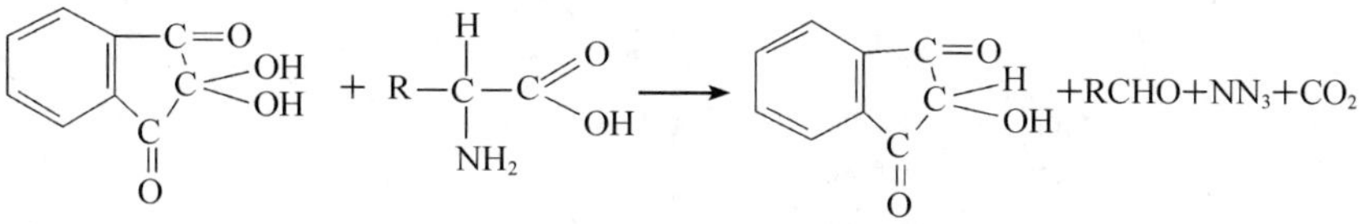

还原茚三酮

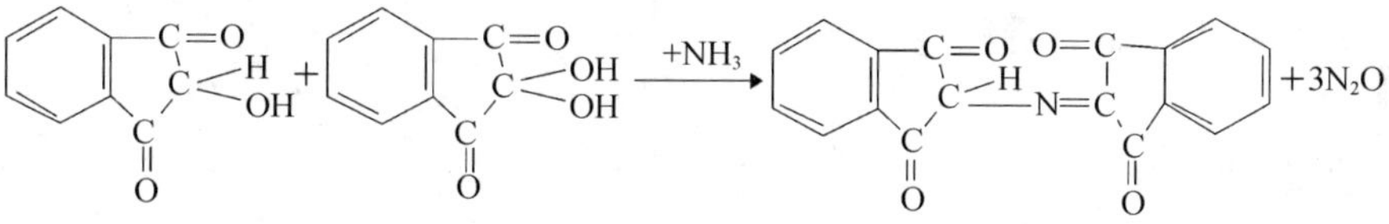

蓝紫色化合物

二、实验仪器及材料

1. 实验仪器

(1)恒温水浴。

(2)分光光度计。

2. 试剂与配制

(1)pH 值为 8.04 的磷酸缓冲液：准确称取 4.535 0 g 磷酸二氢钾和 11.938 0 g 磷酸氢二钠，分别溶于水中并分别稀释至 500 mL，混匀。按磷酸二氢钾溶液、磷酸氢二钠溶液体积比为 1∶19 混匀。

(2)0.2%茚三酮溶液：称取 1.0 g 茚三酮，溶于 40 mL 热水中，加入 40 mg 氯化亚锡，混匀，过滤。静置过夜并用水稀释至 50 mL，摇匀。

(3)0.2 mg·mL^{-1} 氨基酸标准溶液：准确称取 0.200 0 g 氨基酸，用适量水溶解并稀释至 100 mL，混匀。分取 10 mL，置于 100 mL 容量瓶中，用水稀释至刻度，混匀。

三、操作步骤和方法

1. 样品处理　准确称取含 15～25 mg 氨基酸的样品置于 50 mL 容量瓶中，用水溶解并稀释至刻度，取 5 mL 置于 25 mL 容量瓶中。

2. 标准曲线的绘制　准确移取 0，0.5，1.0，1.5，2.0，2.5 mL 氨基酸标准溶液，分别置于 25 mL 容量瓶中(依次相当于含 0，200，300，400，500，600 μg 氨基酸)，用水补充至溶液体积约 5 mL，混匀。

3. 测定　吸取澄清样品溶液 1～4 mL 于 25 mL 容量瓶中，在样品溶液及上述 6 个氨基酸标准溶液的容量瓶中加入 1 mL 2%茚三酮溶液和 1 mL 磷酸缓冲溶液，充分混匀，在水浴上加热 15 min，取出迅速冷却至室温，用水稀释至刻度，混匀，静置 15 min。在波长 570 nm

处以水作空白溶液,测定样品溶液和标准溶液的吸光度。绘制标准曲线,并从标准曲线上查出样品溶液中氨基酸的含量。

四、结果与数字处理

氨基酸总量的计算如下:

$$\text{氨基酸总量}=\frac{A}{m\times\frac{V_2}{V_1}}$$

式中:A 为从标准曲线上查得氨基酸含量,μg;V_1 为标准溶液总体积,mL;V_2 为样品溶液的分取体积,mL;m 为样品的质量,g。

五、注意事项

茚三酮易受光、温度、空气等因素影响氧化而变成红色,可用下述方法进行纯化。

取 10 g 茚三酮溶于 40 mL 热水中,加入 1 g 活性炭,摇匀,静置 30 min 后,过滤。把滤液置于冰箱中过夜,出现蓝色结晶,再过滤。用 2 mL 水洗涤结晶,在干燥器中干燥,装瓶备用。

B. 样品中氨基酸组成的测定

氨基酸自动分析法(GB/T 18246—2000)——离子交换树脂法

氨基酸自动分析仪是在高效液相色谱(HPLC)的原理指导下产生的。氨基酸的分离是靠离子交换层析实现的,是氨基酸分析的经典方法,分离后的氨基酸与茚三酮进行柱后反应,然后根据反应产物颜色的深浅比色定量测定。

主要组成蛋白质的20余种氨基酸很难用一种方法完全测出,本节介绍了酸水解法、酸提取法和碱水解法处理样品测定饲料中不同种类的氨基酸。

酸、碱水解法适合于动、植物样品中氨基酸组成的测定。酸水解法不能测定色氨酸。其中常规水解法适合于测定除含硫氨基酸(胱氨酸、半胱氨酸和蛋氨酸)以外的蛋白水解氨基酸;氧化水解法在以偏重亚硫酸钠为氧化终止剂时,适合于测定除酪氨酸以外的蛋白水解氨基酸,在以氢溴酸为终止剂时,适合于测定除酪氨酸、苯丙氨酸和组氨酸以外的蛋白水解氨基酸。碱水解法只适于色氨酸的测定。酸提取法适合于配合饲料、浓缩饲料和预混料中添加氨基酸,主要是赖氨酸、蛋氨酸含量的测定,也可用于苏氨酸等其他添加(游离)氨基酸含量的测定。

下面以日立 L-8800 型氨基酸自动分析仪为例作介绍。

一、适用范围

本方法适用于配合饲料、浓缩饲料和添加剂预混合饲料、单一饲料和预混料中氨基酸总量和添加游离氨基酸的测定。

二、测定原理

1. 离子交换树脂　用于氨基酸分析仪的，一般是合成的离子交换树脂，在合成树脂上，由于连接着酸根和碱根，故有阳离子交换剂和阴离子交换剂之别。

2. 分离原理　不同氨基酸对树脂的亲和力不同，其强弱顺序为：碱性氨基酸>芳香族氨基酸>中性氨基酸>酸性氨基酸及羟基氨基酸。因此氨基酸分离时便有先后顺序，一般酸性及含羟基(羟脯氨基酸)的氨基酸最先洗脱，然后是中性氨基酸，最后是碱性氨基酸。

3. 氨基酸的分离出峰顺序　日立 L-8800 型氨基酸自动分析仪的出峰顺序(图 12-1)是天门冬氨酸(Asp)→苏氨酸(Thr)→丝氨酸(Ser)→谷氨酸(Glu)→脯氨酸(Pro)→甘氨酸(Gly)→丙氨酸(Ala)→半胱氨酸(Cys)→缬氨酸(Val)→蛋氨酸(Met)→异亮氨酸(Ile)→亮氨酸(Leu)→酪氨酸(Tyr)→苯丙氨酸(Phe)→赖氨酸(Lys)→氨(NH_3)→组氨酸(His)→精氨酸(Arg)。

4. 氨基酸的洗脱　氨基酸的洗脱是用不同 pH 值的缓冲液来进行的，一般标准分析(蛋白质水解物)采用柠檬酸钠盐作缓冲溶液。如果分析生理体液(尿、血浆、乳汁、脑脊髓液及植物组织提取液)，则采用柠檬酸锂盐缓冲液。因为天门冬酰胺及谷氨酰胺于钠盐缓冲液中，在图谱上不能与天门冬氨酸和谷氨酸分开，两者重叠成一个峰，不能得出各自的结果。

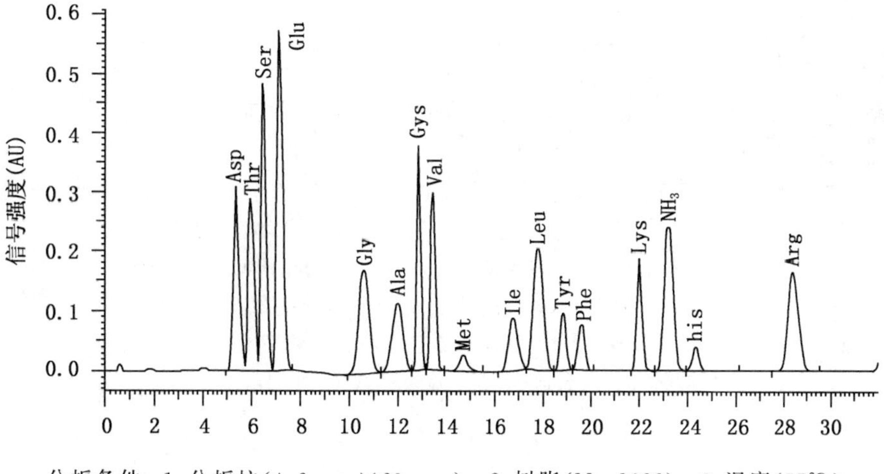

分析条件：1. 分析柱(4.6 mm×60 mm)　2. 树脂(No. 2622)　3. 温度(57℃)
4. 流量(0.4 mL·min^{-1})　5. 缓冲液(缓冲液 1～4)　6. 分析时间(31 min)

图 12-1　L-8800 型氨基酸自动分析低度的出峰顺序

引自张丽英，饲料分析及质量检测技术(第 2 版)，中国农业出版社，2002 年。

标准分析(蛋白质水解分析)一般采用 4 种缓冲液。

①缓冲液 1：pH 值为 3.3，冲洗出酸性氨基酸。

②缓冲液 2：pH 值为 3.3，主要用于冲洗出中性氨基酸。与缓冲液 1 相比，缓冲液 2 中乙醇含量较少。

③缓冲液 3：pH 值为 4.3，主要用于冲洗异亮氨酸、亮氨酸、酪氨酸和苯丙氨酸。

④缓冲液 4:pH 值为 4.9,主要用于碱性氨基酸的洗脱。

除了上述 4 种缓冲液外,所有的氨基酸分析仪都配有再生液,内含较浓的氢氧化钠溶液,用做柱子的再生。每做完一个试样,仪器自动吸入再生液,将柱子冲洗干净后再接着做下一个样品。各种缓冲液和再生液的配制参见仪器说明书。

洗脱出来的氨基酸,与另一流路的茚三酮溶液结合,在一定温度条件下,便呈颜色反应,一般氨基酸呈紫色,但脯氨酸呈黄色,所以氨基酸自动分析仪一般都设有 2 个频道:一个是 570 nm 波长,另一个是 440 nm 波长。日立 L-8800 型氨基酸自动分析仪的分光光度计与一般光度计不同,它的单色器是一种凹面光栅,比色效果较为稳定。

注意茚三酮要在 pH 值 5.5 时才适于呈颜色反应,否则出峰很低。一般上机样品溶液要调至 pH 值 2.2,通过柱子后 pH 值就可变成 5.5。另外,茚三酮试剂在光及空气中极不稳定,光及氧易使茚三酮氧化,故新配制的茚三酮溶液要先充氮气,除去氧气,再加还原剂(稳定剂),以防止氧化。常用的稳定剂有三氯化肽、氯化亚锡和硼氢化钠等。用三氯化肽作还原剂,加入后 1 h 就可稳定,且不产生沉淀,而氯化亚锡则需要 24 h 才能稳定。日立 L-8800 型氨基酸自动分析仪推荐用硼氢化钠作还原剂。

氨基酸自动分析仪流程如图 12-2 所示。

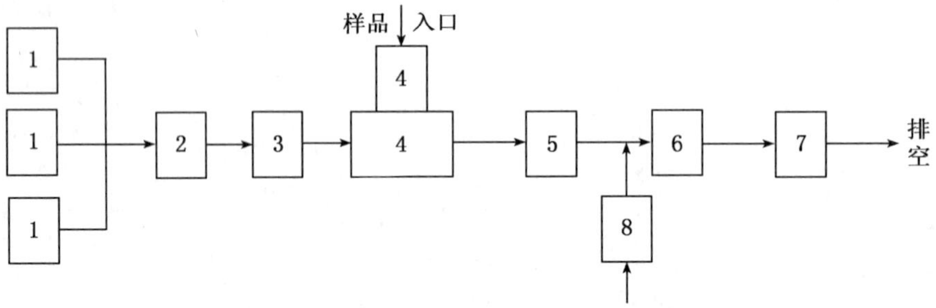

1. 流动相储存瓶　2. 多通道选择阀　3. 泵与单向阀　4. 进样阀
5. 色谱柱　6. 反应炉　7. 检测器　8. 试剂泵

图 12-2　氨基酸自动分析仪流程图

引自夏玉宇,朱丹,饲料质量分析检验,化学工业出版社,1991。

三、操作步骤和方法

(一)分析样品的准备与前处理

(1)样品的选取和制取:待测饲料样品必须具有代表性。用于氨基酸分析的试样需经磨碎通过 0.25 mm(60 目)筛孔。由于氨基酸在有氧及碳水化合物存在的情况下易被破坏(美拉德反应),在粉碎样品时其温度需低于 50℃。样品磨碎后,可增加其表面积。应在室温下放置 24 h,使其含水量恒定。为测定各种氨基酸标准曲线的线性范围,应使分析前氨基酸溶液的浓度与标准溶液浓度相接近。

(2)样品分析用量:通常是采用样品中氮的含量,来计算适用于氨基酸分析的样品用量的,即样品中氮的含量决定分析样品的用量。

$$样品用量=\frac{32\ \text{mg 的氮}}{CP\times 0.16\times 10}$$

式中 CP 为粗蛋白质质量分数。

一般用于氨基酸分析的试样应含有约 32 mg 的氮。同时要测定样品的干物质含量，这可由分析天平（精密度±0.000 1 g）来称量。

(3)样品的脱脂（供含脂肪干扰物样品的测定）：当样品中粗脂肪含量高于 6%时，在样品水解前须经石油醚脱脂（如油菜子、菜子饼）。注意事项：应保持通风、无烟，须在密闭的通风柜中进行，防止爆炸。样品在滤纸上称重，放置于漏斗上。在 1 h 内滴加 100 mL 石油醚，但需一滴一滴加入，完成后即准备水解或氧化。

(4)去核酸（供含核酸干扰物样品的测定）：把样品置于适量的 10%氯化钠溶液中，在 80℃中保持 6～6.5 h，反复用热水洗涤、过滤，再用丙酮干燥物质。

(5)氧化水解处理（供含硫氨基酸样品的测定）：在蛋白质酸水解过程中，常伴有（半）胱氨酸及蛋氨酸的损失。通常可用"过甲酸"氧化，使胱氨酸及蛋氨酸分别转变成半胱磺酸及甲硫氧砜，这 2 种化合物在酸水解中是稳定的，且易与其他氨基酸分离。

蛋氨酸、半胱氨酸与过甲酸的反应如下：

· 蛋氨酸的氧化

①$CH_2SCH_2CH_2CH(NH_2)COOH + CH_2O_3 \longrightarrow CH_3S(O_2)CH_2CH_2CH(NH_2)COOH + HCOOH$

蛋氨酸　　过甲酸　　甲硫氨酸砜　　甲酸

②$HSCH_2CH(NH_2)COOH + 3CH_2O_3 \longrightarrow HSO_3CH_2CH(NH_2)COOH + 3HCOOH$

半胱氨酸　　过甲酸　　半胱磺酸　　甲酸

· 过甲酸的去除

$$HCOOOH + 2HBr \rightarrow HCOOH + H_2O + Br_2$$

从上式中可见含硫氨基酸的氧化发生在硫原子上。

实验室操作过程：将（脱脂）样品及滤纸放入 300 mL 锥形烧瓶中，通过震摇使样品脱离滤纸，加入 100 mL 过甲酸后，盖好烧瓶，置磁力搅拌器的冰浴中进行搅拌，当滤纸漂浮起来时应停止搅拌。

对含有较高量蛋氨酸或胱氨酸或 2 种氨基酸含量都高的样品（如羽毛粉或肉粉），需加 200 mL 过甲酸，此悬浮液在 0℃下放置 15 h。

加入 12 mL HBr，去除过量的过甲酸，加入 HBr 时应在冰浴中进行；一边搅动一边小心加入，每隔 5 min 加数滴。加几滴丁醇去除气泡。如样品很快澄清，还须加入 HBr。加入 HBr 后，溶液还须在 0℃继续搅动 15 min。停止搅动后，将溶液定量地移入 2 000 mL 蒸馏瓶中，用水冲洗锥形烧瓶，将蒸馏瓶放在旋转蒸发器上，在 50～60℃下蒸馏至近 5 mL。此蒸馏产物需用 20 mL 水冲洗 4 次。之后，将样品水解处理，未氧化（脱脂）样品一同进行。

（二）试样的水解

根据待测试样的不同，采用不同的水解方法。

1. 普通酸水解法（盐酸水解法）

(1)适用范围：本方法适用于饲料原料、全价配合饲料和浓缩饲料中除色氨酸、含硫氨基酸以外的15种氨基酸的准确测定。

(2)测定原理：常规(直接)水解法是使饲料蛋白在110℃ $c(HCl)=6\ mol \cdot L^{-1}$ 盐酸溶液作用下，水解成单一氨基酸，再经离子交换色谱法分离，并以茚三酮做柱后衍生测定。水解过程中色氨酸全部破坏，不能测量。胱氨酸和蛋氨酸部分氧化，测定结果偏低。

(3)试样的选取与制备：取具有代表性饲料样品500～1 000 g，用四分法缩减分取25 g左右，粉碎并过0.25 mm(60目)筛，充分混匀后装入磨口瓶中备用。

(4)实验仪器设备

①实验室用样品粉碎机或研钵。

②样品筛：孔径0.25 mm(60目)。

③分析天平：分度值0.000 1 g。

④真空泵。

⑤酒精喷灯。

⑥恒温箱或水解炉。

⑦旋转蒸发器或浓缩器：可在室温至65 ℃之间调温，控温精度±1℃，真空度可低至3.3 kPa。

⑧氨基酸自动分析仪：茚三酮柱后衍生离子交换色谱仪，要求各氨基酸的分辨率达90%。

(5)试剂及配制

①盐酸溶液，$c(HCl)=6\ mol \cdot L^{-1}$：将优级纯盐酸与水等体积混合。

②液氮或干冰-乙醇(丙酮)溶液。

③稀释用柠檬酸缓冲溶液，pH值为2.2，$c(Na^{+})=0.2\ mol \cdot L^{-1}$：称取柠檬酸钠19.6 g，用水溶解后加入优级纯盐酸16.5 mL，硫二甘醇5.0 mL，苯酚1 g，加水定容至1 000 mL，摇匀，用G4垂熔玻璃砂芯漏斗过滤，备用。

④不同pH值和离子强度的洗脱用柠檬酸钠缓冲液：按氨基酸分析仪器说明书配制。

⑤茚三酮溶液：按氨基酸仪器说明书配制。

⑥氨基酸混合标准储备液：含*L*-天门冬氨酸、*L*-苏氨酸等17种常规蛋白水解液分析用层析纯氨基酸，各氨基酸组分浓度为2.5(或2.00)$\mu mol \cdot L^{-1}$。

⑦混合氨基酸标准工作液：吸取一定量的氨基酸混合标准储备液置于50 mL容量瓶中，以稀释用柠檬酸钠缓冲液定容，混匀，使各氨基酸组分浓度为100 $nmol \cdot L^{-1}$。

(6)测定步骤

①试样处理：称取50～100 mg试样(含蛋白7.5～25 mg，准确至0.1 mg)于20 mL安瓿管或30 mL具塞玻璃水解管中，加10.00 mL 6 $mol \cdot L^{-1}$ 盐酸溶液，置液氮或干冰-乙醇(丙酮)中冷冻，然后抽真空至7 Pa后封口或充氮气，塞紧，将水解管放在(110±1)℃ 恒温干燥箱中，水解22～24 h。冷却、混匀、开管、过滤后，用移液管吸取适量的滤液，置旋转蒸发器或浓缩器中，于60℃下(抽真空)蒸发至干。必要时加少许水，重复蒸干1或2次。加入3～5 mL pH值为2.2稀释上机用柠檬酸钠缓冲液，使样液中氨基酸浓度达50～250 $nmol \cdot L^{-1}$，摇匀，然后过滤或离心，取上清液上机测定。

②测定：用相应的混合氨基酸标准工作液按仪器说明书，调整仪器操作参数和(或)洗脱用柠檬酸钠缓冲液的pH值，使各氨基酸分辨率达85%以上，注入制备好的试样水解液和

相应的氨基酸混合标准工作液，进行分析测定。酸解液每 10 个单位为一组，组间插入混合氨基酸标准工作液进行校准。

(7)结果与数字处理

①试样中某氨基酸质量分数按下列公式计算

$$\omega(\text{氨基酸})=\frac{\rho(\text{某氨基酸})}{m}\times 10^{-6}\times D$$

式中：ρ 为某氨基酸上机水解液中氨基酸的质量浓度，ng · mL^{-1}；m 为试样质量，mg；D 为试样稀释倍数。

以 2 个平行试样测定结果的算术平均值报告，保留 2 位小数。

②允许差：当氨基酸含量高于 0.5%时，2 个平行试样测定值的相对偏差不大于 5%；含量低于 0.5%、大于 0.2%时，2 个平行试样测定值相差不大于 0.03%；含量低于等于 0.2%时，相对偏差不大于 5%。

(8)实验注意事项

①如果采用脱脂后样品测定，结果应乘以$(1-F)$，F 为试样脂肪含量。

②不同 pH 值的洗脱液和茚三酮衍生试剂，最好根据所用仪器说明书进行配制。

2. 氧化水解-酸水解法

(1)适用范围：本方法主要适用于含硫氨基酸(胱氨酸、半胱氨酸和蛋氨酸)的准确分析测定。此法还可测定芳香氨基酸(酪氨酸、苯丙氨酸)及组氨酸以外的氨基酸。在以偏重亚硫酸钠作氧化终止剂时，酪氨酸被氧化，不能测准。酪氨酸、苯丙氨酸和组氨酸则在以氢溴酸作终止剂时被氧化，不能测准。

(2)试样的选取与制备：同普通酸水解法。

(3)测定原理：如前所述由于蛋白质酸水解过程中，常伴有(半)胱氨酸和蛋氨酸的损失。通常可用"过甲酸"氧化，使胱氨酸及蛋氨酸分别转变成半胱磺酸及甲硫氨酸砜。这 2 种化合物在酸水解中是稳定的，且易于与其他氨基酸分离。然后用氢溴酸或偏重亚硫酸钠终止反应，再进行普通酸水解，然后经离子交换色谱法分离，并以茚三酮做柱后衍生测定。

(4)实验仪器设备：同普通酸水解法。

(5)试剂及配制：除有特别说明外，本实验所用试剂均为分析纯，所用水均为去离子水(符合 GB 6682—92，电导率≤0.01 ms/m)。

①过甲酸溶液

a. 常规过甲酸溶液：将 30%过氧化氢与 88%甲酸按 1∶9(体积比)混合，于室温下放置 1 h，在冰水浴中冷却 30 min 使用，临用前配制。

b. 浓缩料用过甲酸溶液：在常规过甲酸溶液中按 3 mg · mL^{-1} 加入硝酸银即可。此溶液适用于氯化钠含量小于 3%的浓缩饲料。

c. 当浓缩料中氯化钠含量大于 3%时，氧化剂中硝酸银浓度可按下列公式计算：

$$\rho_R \geqslant 1.454\times m\times \rho_N$$

式中：ρ_R 为过甲酸中硝酸银的浓度，mg · mL^{-1}；ρ_N 为试样中氯化钠的质量分数，mg · mL^{-1}；m 为试样质量，mg。

甲酸与过甲酸反应式如下：

$$\underset{\text{甲酸}}{HCOOH} + \underset{\text{过氧化氢}}{H_2O_2} \rightarrow \underset{\text{过甲酸}}{H-\overset{\overset{\displaystyle O}{\|}}{C}-O-OH} + \underset{\text{水}}{H_2O}$$

②氧化终止剂:48%氢溴酸。

偏重亚硫酸钠溶液:33.6 g偏重亚硫酸钠加水定容至100 mL。

③其他试剂与溶液同普通酸水解法。

(6)测定步骤

①试样处理:称取试样50～75 mg(含蛋白7.5～25 mg)2份(精确至0.000 1 g),置于旋转蒸发器20 mL浓缩瓶或浓缩管中,在冰水浴中冷却30 min后,加入已经冷却的过甲酸溶液2 mL,加液时需将样品全部浸湿,但不要摇动,盖好瓶塞,连同水浴一道置于0℃冰箱中,反应氧化16 h。

②氧化反应终止:以下步骤因使用不同的氧化终止剂而不同。

a. 若以氢溴酸为终止剂,则在各管中加入氢溴酸0.3 mL,振摇,放回冰水浴,静置30 min,然后移到旋转蒸发器或浓缩器上,在60℃、真空压力低于3.3×10^3 Pa下浓缩至干。用6 mol·L^{-1}盐酸溶液约15 mL将残渣定量转移到20 mL安瓿管中,封口,置恒温箱中,在(110±1)℃下水解22～24 h。

取出安瓿管或水解管,冷却,用水将内容物定量转移至50 mL容量瓶中,用水定容。充分混匀、过滤,取1～2 mL滤液,置旋转蒸发器或浓缩器中,在低于50℃的条件下,减压蒸发至干。加少许水重复蒸干2或3次。准确加入一定体积(2～5 mL)稀释上机,用柠檬酸钠缓冲液振摇,充分溶解后离心,取上清液供仪器测定用。

b. 若以偏重亚硫酸钠为终止剂,则于试样氧化液中加入偏重亚硫酸钠溶液0.5 mL,充分摇匀后,直接加入6 mol·L^{-1}盐酸溶液17.5 mL,置于(110±3)℃水解22～24 h。

取出水解管,冷却,用水将内容物转移到50 mL容量瓶中,用氢氧化钠溶液中和至pH值为2.2,并用稀释上机用缓冲液定容,离心,取上清液供仪器测定用。

(7)结果与数字处理

①试样中的胱氨酸和蛋氨酸的含量计算

$$\omega=\frac{\rho}{m}\times V\times10^{-3}\times D$$

式中:ρ为读出的样品待测溶液磺基丙氨酸或蛋氨砜的质量浓度,μg· mL^{-1};m为试样质量,g;V为样品待测溶液体积,mL;D为试样稀释倍数。

②以两平行试样测定结果的算术平均值为分析结果,保留2位小数。方法允许误差≤5%。

(8)实验注意事项

①如上机分析时受样品中Na^+浓度影响,色谱峰出峰时间漂移过大,则可将水解液定容、过滤,取2～5 mL滤液于50℃减压蒸发至0.5 mL(勿干)。用pH值为2.2的柠檬酸缓冲溶液转移至10 mL容量瓶,先用7.5 mol·L^{-1}氢氧化钠溶液调节至pH值2.2,然后用pH值为2.2的缓冲液定容。混匀、离心后,以上清液作为上机待测溶液。

②对于浓缩饲料，要先知道氯化钠含量，必要时可测定氯化物含量。

③如果长时间开机测定，至少每 10 个样品之间要插入一个标样校准仪器。

3. 碱水解法

(1)适用范围：本方法适用于饲料原料、配合饲料和浓缩饲料中色氨酸的测定。

(2)试样的选取与制备：试样的制备同普通酸水解法。对于粗脂肪含量≥5%的试样，需将脱脂后的试样风干、混匀，装入密闭的容器中备用；而对粗脂肪含量<5%的试样，则可直接称量未脱脂试样。

(3)测定原理：饲料蛋白在 110℃碱的作用下水解，水解出的色氨酸可用离子交换色谱法或高效反相色谱分离测定。

(4)实验仪器设备：聚四氟乙烯衬管，其他同普通酸水解法。

(5)试剂及配制

①氢氧化锂溶液，$c(LiOH)=4\ mol \cdot L^{-1}$：称取一水合氢氧化锂 167.8 g，用水溶解并稀释至 1 000 mL。使用前取适量超声或通氮气脱气。

②液氮或干冰-乙醇(丙酮)。

③盐酸溶液，$c(HCl)=6\ mol \cdot L^{-1}$：将优级纯盐酸与水等体积混合。

④稀释用柠檬酸缓冲溶液，pH 值为 4.3，$c(Na^{+})=0.2\ mol \cdot L^{-1}$：称取柠檬酸钠 14.71 g，氯化钠 2.92 g 和柠檬酸 10.50 g，溶于 500 mL 水，加入硫二甘醇 5.0 mL 和辛酸 0.1 mL，加水定容至 1 000 mL，摇匀。

⑤不同 pH 值和离子强度的洗脱用柠檬酸钠缓冲液：按氨基酸分析仪器说明书配制。

⑥茚三酮溶液：按氨基酸仪器说明书配制。

⑦*L*-色氨酸标准储备液：准确称取层析纯 *L*-色氨酸 102.0 mg，加少许水和数滴 $0.1\ mol \cdot L^{-1}$ 氢氧化钠溶液，使之溶解，定量转移至 100 mL 容量瓶中，加水至刻度。色氨酸浓度为 $5.0\ \mu mol \cdot L^{-1}$。

⑧氨基酸混合标准储备液：含 *L*-天门冬氨酸、*L*-苏氨酸等 17 种常规蛋白水解液分析用层析纯氨基酸，各氨基酸组分浓度为 2.5(或 2.00)$\mu mol \cdot L^{-1}$。

⑨混合氨基酸标准工作液：准确吸取 2.00 mL *L*-色氨酸标准储备液和适量的氨基酸混合标准储备液，置于 50 mL 容量瓶中，用 pH 值为 4.3 柠檬酸钠缓冲液定容。该溶液色氨酸浓度为 $200\ nmol \cdot L^{-1}$，而其他氨基酸浓度为 $100\ nmol \cdot L^{-1}$。

(6)测定步骤

①试样处理：称取 50～100 mg 的饲料试样(准确至 0.1 mg)，置于聚四氟乙烯衬管中，加 1.50 mL 碱解剂(氢氧化锂溶液，$c(LiOH)=4\ mol \cdot L^{-1}$)于液氮或干冰-乙醇(丙酮)中冷冻，而后将衬管插入水解玻管，抽真空至 7 Pa($\leqslant 5\times10^{-2}$ 汞柱)，或充氮(至少 5 min)，封管。然后，将水解管放入(110±1)℃恒温干燥箱，水解 20 h。取出水解管，冷却至室温，开管，用 pH 值为 4.3 稀释上机用柠檬酸钠缓冲液将水解液定量地转移到 10 mL 或 25 mL 容量瓶中，加入盐酸溶液约 1.00 mL 中和，并用上述缓冲液定溶。离心或用 0.45 μm 滤膜过滤后，取清液储于冰箱中，供上机测定使用。

②测定：用相应的混合氨基酸标准工作液按仪器说明书，调整仪器操作参数和(或)洗脱用柠檬酸钠缓冲液的 pH 值，使各氨基酸分辨率≥85%，注入制备好的试样水解液和相应的

氨基酸混合标准工作液，进行分析测定。碱解液每6个单样为一组，组间插入混合氨基酸标准工作液进行校准。

(7)结果与数字处理

①分别用下列公式计算色氨酸在试样中的质量分数。

$$\omega_1(\mathrm{Trp})=\frac{\rho_1}{m_1}\times10^{-6}\times D$$

$$\omega_2(\mathrm{Trp})=\frac{\rho_2}{m_2[1-\omega(\mathrm{EE})]}\times10^{-6}\times D$$

式中：ω_1(Trp)为用未脱脂试样测定的色氨酸质量分数；ω_2(Trp)为用脱脂试样测定的色氨酸质量分数；ρ_1 为未脱脂试样上机水解液中色氨酸质量浓度，ng · mL^{-1}；ρ_2 为脱脂试样上机水解液中色氨酸质量浓度，ng · m L^{-1}；m_1 为未脱脂试样质量，g；m_2 为脱脂试样质量，g；D 为试样稀释倍数；ω(EE)为脱脂试样脱脂前脂肪质量分数。

以2个平行试样测定结果的算术平均值报告，保留2位小数。

②允许差：对于酸解或酸提液测定的氨基酸含量高于0.5%时，2个平行试样测定值的相对偏差不大于5%；含量低于0.5%、高于0.2%时，2个平行试样测定值相差不大于0.03%；含量低于或等于0.2%，2个平行试样测定值相对偏差不大于5%。

4. 酸提取法

(1)适用范围：本方法适用于配合饲料、浓缩饲料和预混料中添加的赖氨酸、蛋氨酸、苏氨酸、色氨酸等游离氨基酸的测定。

(2)试样的选取与制备：同普通酸水解法。

(3)实验仪器设备：同普通酸水解法。

(4)试剂及配制

①提取剂——盐酸溶液，$c(\mathrm{HCl})=0.1\ \mathrm{mol\cdot L^{-1}}$：取8.3 mL优级纯盐酸，用水定容至1 000 mL，混匀。

②不同pH值和离子强度的洗脱用柠檬酸缓冲液：按仪器说明书配制。

③茚三酮溶液：按仪器说明书配制。

④蛋氨酸、赖氨酸和苏氨酸标准储备液：在3只100 mL烧杯中，分别称取蛋氨酸93.3 mg、赖氨酸盐酸盐114.2 mg和苏氨酸74.4 mg，加水约50 mL和数滴盐酸溶解，定量转移至各自250 mL的容量瓶中，并用水定容。该液各氨基酸浓度为2.50 μmol · L^{-1}。

⑤混合氨基酸标准工作液：分别吸取蛋氨酸、赖氨酸和苏氨酸标准储备液各1.00 mL于同一25 mL容量瓶中，用水稀释至刻度。该液各氨基酸的浓度为100 nmol · L^{-1}。

(5)测定步骤

①试样的处理：称取1～2 g饲料试样(蛋氨酸含量≤4 mg，赖氨酸可略高)，加入0.1 mol · L^{-1}盐酸提取剂30 mL，搅拌提取15 min，沉放片刻，将上清液过滤到100 mL容量瓶中，残渣加水25 mL，搅拌3 min，重复提取2次，再将上清液过滤到上述容量瓶中，用水冲洗提取瓶和滤纸上的残渣，并定容，摇匀，取上清液供上机测定。若试样提取过程中过滤太慢，也可离心10 min(4 000 r/min)。测定赖氨酸时，浓缩饲料和预混料基质会有较大

干扰，应针对待测试样同时做添加回收率实验，以校准测定结果。

②测定：用相应的混合氨基酸标准工作液。常规水解的各氨基酸组分浓度 c（氨基酸）$=100\ nmol \cdot mL^{-1}$；氧化水解的各氨基酸组分浓度 c（氨基酸）$=50\ nmol \cdot mL^{-1}$；碱水解法的色氨酸浓度为 $20\ nmol \cdot mL^{-1}$，而其他氨基酸浓度为 $100\ nmol \cdot mL^{-1}$；酸提取法的各氨基酸浓度 c（氨基酸）$=100\ nmol \cdot mL^{-1}$。按仪器说明书，调整仪器操作参数和（或）洗脱用柠檬酸钠缓冲液的 pH 值，使各氨基酸的分辨率≥85%，注入制备好的试样水解液和相应的氨基酸混合工作液，进行分析测定。酸解液每 10 个单样为一组，碱解液和酸提取液每 6 个单样为一组，组间插入混合氨基酸标准工作液进行校准。

(6)计算与分析结果表示：同普通酸水解法。

氨基酸高效液相色谱法(HPLC)的分析测定

高效液相色谱法的英文名称是 High Performance Liquid Chromatography。本节主要介绍由国家饲料质量监督检验中心(北京)与 Waters 公司北京办事处共同合作，以 1992 年国际实验室间氨基酸分析联合实验为基础，用其统一发放的样品(具有 9 国 28 个实验室检测数据总均值)做了系统的条件实验和比对实验，建立的以 AQC 为柱前衍生剂，采用 HPLC 对饲料水解液中氨基酸含量的测定方法(简称 AccQ-Tag 法)。该方法具有操作步骤简单，反应速度快，不受介质的影响，衍生产物稳定，过量衍生剂不干扰分析等特点。

图 12-3 Waters Breeze 高效液相色谱仪外观

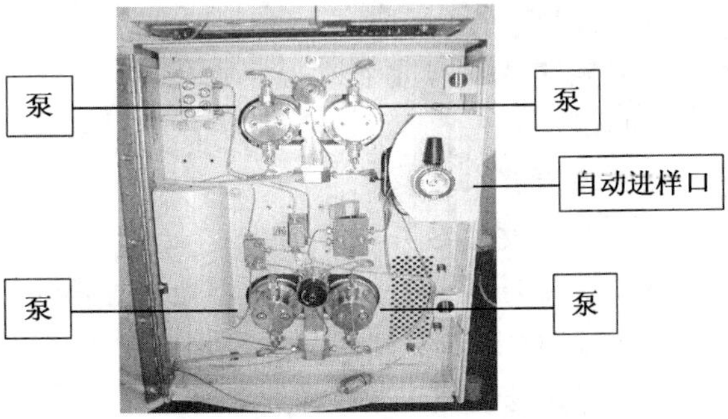

图 12-4 Waters Breeze 高效液相色谱仪内部结构

一、适用范围

本方法适用于饲料原料、全价配合饲料、浓缩饲料和预混料中除了色氨酸以外的 17 种氨基酸的测定。

二、测定原理

水解后的氨基酸，用 6-氨基喹啉-*N*-羟基-琥珀酰亚胺基甲酸酯(6-aminoquinolyl-n-hydroxysuccinimidyl carbamate，AQC)衍生，形成稳定的荧光(紫外)衍生物，可经分析柱分离,用荧光或紫外检测器测定。

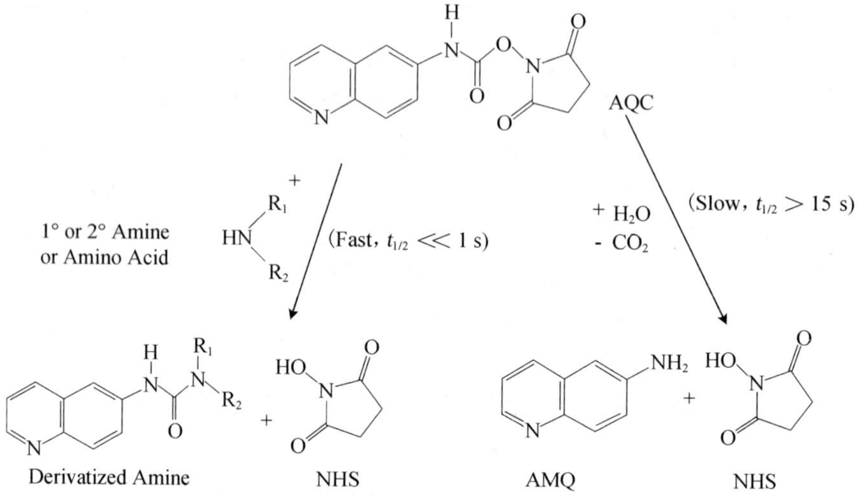

图 12-5 AQC 柱前衍生反应原理

引自张丽英,饲料分析及质量检测技术(第2版),中国农业出版社,2002。

三、实验仪器及材料

(一)实验仪器

(1)恒温干燥箱(能控温在55℃和(110±1)℃)。

(2)分析天平(精确度0.000 1 g)。

(3)旋转蒸发器或浓缩器。

(4)pH计。

(5)超声波水浴。

(6)涡旋发生器。

(7)液相色谱仪(具二元泵,可做梯度淋洗)。

(8)AccQ-Tag氨基酸分析柱(4 μm Nova pak™ C_{18} 3.9 mm×150 mm)。

(9)微量移液管。

(10)玻璃器皿,如水解管、衍生试管(6 mm×50 mm)、量筒、容量瓶、刻度试管、移液管等。

(11)喷灯。

(二)试剂与溶液配制

实验用水均为高纯水,电导率为0.05 $\mu s \cdot cm^{-1}$。

(1)Waters氨基酸水解标样或其他同类产品:17种氨基酸浓度均为2.5 $\mu mol \cdot L^{-1}$(胱氨酸浓度为1.25 $\mu mol \cdot L^{-1}$)。

(2)标准储备液的制备

①α-氨基丁酸(AABA)内标储备液(2.5 $\mu mol \cdot L^{-1}$):称取25.8 g AABA置于100 mL容量瓶中,稀释至刻度。

②磺基丙氨酸储备液(2.5 $\mu mol \cdot L^{-1}$):称取4.23 mg磺基丙氨酸于10 mL容量瓶中,

稀释至刻度。

③蛋氨酸砜储备液(2.5 μmol·L^{-1}):称取 4.53 mg 蛋氨酸砜于 10 mL 容量瓶中,稀释至刻度。

(3)氨基酸标准液的制备:准确吸取 1 mL 17 种氨基酸标准液,1 mL 磺基丙氨酸储备液,1 mL 蛋氨酸砜储备液,1 mL 水,制成 0.5 μmol·L^{-1} 氨基酸标准液。

(4)标准工作液的制备:将不同体积的氨基酸标准液、AABA 标准储备液和水混合制成一系列不同浓度的氨基酸标准液,如表 12-1 所示。

表 12-1　不同浓度氨基酸标准工作液配制

移液名称	移液体积				
氨基酸标准液/μL	200	800	1 200	1 600	1 800
AABA 内标储备液/μL	200	200	200	200	200
超纯水/μL	1 600	1 000	600	200	0
浓度/μmol·L^{-1}	0.05	0.20	0.30	0.50	0.45

引自张丽英,饲料分析及质量检测技术(第 2 版),中国农业出版社,2002。

(5)流动相 A 液:称取 19.04 g 分析纯三水乙酸钠,加 1 L 高纯水溶解,用稀磷酸(1∶1,V∶V)调 pH 值至 5.2,加 1 mL EDTA 溶液(1 mg·mL^{-1}),加 0.1 g 叠氮钠,加 2.37 mL 三乙胺,用稀磷酸调 pH 值至 4.95,用 0.45 μm 滤膜过滤。使用前超声脱气。

(6)流动相 B 液:经 0.45 μm 滤膜过滤的色谱纯乙腈与超纯水按 3∶2(体积比)比例配制。在超声水浴中脱气 20 s。

(7)6 mol·L^{-1} 盐酸水解液:优级纯盐酸与水按照 1∶1(体积比)混合均与匀。

(8)过甲酸溶液:88%甲酸与 30%的过氧化氢按 9∶1(体积比)混合。室温下放置 1 h 后移至 0℃下保存。

(9)氢溴酸(40%,分析纯)。

(10)Waters AccQ-fluor 试剂包。

(三)试样水解

同本节离子交换树脂法。

(四)水解工作液的制备

冷却试样水解液并过滤,取 1～2 mL 水解液(根据样品中蛋白质含量而定)置于浓缩管中,在 50℃条件下浓缩至干。然后向试管中加入 20 μL AABA 储备液,1.8 mL 水,涡旋混合 20 s。此溶液密封,4℃下储存备用。

(五)衍生

(1)移取 10 μL 标准或水解工作液于 6 mm×50 mm 试管的底部。

(2)加入 70 μL 硼酸盐缓冲溶液,涡旋 10 s。

(3)边涡旋边加入 20 μL AQC,并彻底振摇。

(4)将衍生物移至自动进样器的样品瓶中,密封盖好。

(5)将试样瓶置于 55℃烘箱中保温 10 min。

衍生剂的配制:在打开 AecQ-fluor 试剂盒中的 2A 瓶之前,轻轻弹击,确保所有粉末全部落入瓶底，由2B瓶中吸取1 mL稀释剂放入2A瓶中，加盖密封，振摇10 s后放入55℃加热装置中加热，至衍生剂粉末全部溶解。加热时间不超过10 min。

该衍生剂于干燥器中，室温下可保存1周。

(六)色谱条件

1. 柱温　对于一般氨基酸分析，柱温设为37℃；对于含硫氨基酸，柱温设为47℃。

2. 检测器　荧光检测器(激发波长245 nm，发射波长395 nm)或紫外检测器(波长248 nm)。

3. 梯度设置　HPLC系统配置不同，所用梯度表也不同，请参见Waters AccQ-Tag用户手册。若采用Millemmium 2010软件，则在"Quickset Control"窗口下设置运行时间为45 min。下面给出510系统的梯度表，仅供参考(表12-2)。

表12-2　用于饲料水解氨基酸测定的梯度表(510×2系统)

时间/min	流速/($mL\cdot min^{-1}$)	普通氨基酸/%		含硫氨基酸/%		曲线
		A	B	A	B	
0	1.0	100	0	100	0	6
17	1.0	93	7	92	8	6
21	1.0	90	10	83	17	6
32	1.0	66	34	73	27	6
34	1.0	66	34	50	50	6
35	1.0	0	100	50	50	6
37	1.0	0	100	0	100	6
38	1.0	100	0	100	0	6
45	1.0	100	0	100	0	6

注：进样体积：10 μL；流速：1 $mL\cdot min^{-1}$。

引自张丽英，饲料分析及质量检测技术(第2版)，中国农业出版社，2002。

在Breeze系统推出后，有一部分用户欲用其作AccQ-Tag，现将适用的梯度表提供给大家，其中A液仍为AccQ-Tag A液，B液为60∶40的乙腈/水，柱温为37℃。硬件配置与515×2高压梯度系统相同(必须有柱温箱和混合器)(表12-3)。

表12-3　Breeze 1525_7725_2487系统AccQ-Tag梯度表

时间/min	流速/($mL\cdot min^{-1}$)	氨基酸/%		曲线
		A	B	
0	1.0	100	0	
17.00	1.0	94	6	6
21.00	1.0	90	10	6
30.00	1.0	67	33	6
33.00	1.0	67	33	6
34.00	1.0	0	100	6
37.00	1.0	0	100	6
38.00	1.0	100	0	6
45.00	1.0	100	0	6
60.00	1.0	0	100	11

四、结果计算

根据出峰时间确诊氨基酸的类型,用峰高或峰面积或峰高和峰宽计算氨基酸含量,并计入浓度和稀释倍度。

(1)试样中某种氨基酸质量分数计算。

$$\omega(\text{氨基酸})=\frac{\rho(\text{某氨基酸})}{m}\times 10^{-6}\times D$$

式中:ρ 为某氨基酸上机水解液中氨基酸的质量浓度,ng・mL^{-1};m 为试样质量,mg;D 为试样稀释倍数。

以 2 个平行试样测定结果的算术平均值报告,保留 2 位小数。

(2)允许差:对于氨基酸含量高于 0.5%时,2 个平行试样测定值的相对偏差不大于 5%;含量低于 0.5%、大于 0.2%时,2 个平行试样测定值相差不大于 0.03%;含量低于等于 0.2%时,相对偏差不大于 5%。

五、注意事项

对于酸解或酸提取液测定的氨基酸,当含量小于或等于 0.5%时,2 个平行试样测定值的相对偏差不大于 5%;含量大于 0.5%时,不大于 4%。对于色氨酸,当含量小于 0.2%时,2 个平行试样测定值相差不大于 0.03%;含量大于等于 0.2%时,相对偏差不大于 5%。

思考题

1. 饲料中氨基酸的测定通常采用哪些方法,各自的优缺点是什么?
2. 简述采用离子交换色谱法测定饲料氨基酸的原理和主要步骤。

第四节 饲料热能的测定

实验十三 饲料总能的测定

一、目的和要求

(1)使学生了解氧弹式热量计的结构和使用方法。

(2)掌握用氧弹式热量计测定样品总能的基本原理和方法。

二、测定原理

样品总能,是指单位质量样品在燃烧过程中,完全氧化成最终的尾产物(CO_2,H_2O 及其他气体)所能释放出的热量,称为该样品的总能,也称燃烧热或热价。通常以 $kJ \cdot g^{-1}$ 为单位。

根据热力学第一定律,一个热化学反应,只要其开始与终末状态一定,则反应的热效应就一定。这一原理使我们测定各种物质的燃烧热变为有意义。有机物差不多均能氧化完全,并且反应进行很快,因此,准确地测定燃烧热就有了可能。由所测得的燃烧热还可以计算反应的热效应和化合物的生成热。

将由消化代谢试验所用的饲料或日粮以及所收集的粪、尿样品,制备成一定质量的测定试样,装于充有(2.45±0.49)MPa 纯氧氧弹中进行燃烧。燃烧所产生之热量为氧弹周围已知质量的蒸馏水及热量计整个体系所吸收,并由贝克曼温度计读出水温上升的度数。该上升的温度乘以热量计体系和水的热容量之和,即可得出试样的燃烧热。

在测定过程中一些因素会影响测定结果的准确性,须加以校正才可得出真实的热价。例如,由于辐射的影响,水温上升的度数与由燃烧产热所致的实际升温之间有偏差。引火丝本身燃烧的发热量以及含有氮、硫等元素的样品在氧化后生成硝酸、硫酸时的发热量应予以扣除等。

三、仪器设备、试剂和材料

1. 仪器设备

(1)氧弹式热量计。

(2)氧气钢瓶及支架。

(3)实验室用样品粉碎机或研钵。

(4)分析筛:孔径 0.45 mm(40 目)。

(5)分析天平:感量 0.000 1 g。

(6)架盘天平:感量 0.01 g。

(7)温度计:0～50℃

(8)容量瓶:200,1 000,2 000 mL。

(9)量筒:200,500 mL。

(10)吸管:10 mL。

(11)烧杯:250,500 mL。

2. 试剂

(1)苯甲酸:保证级试剂或分析纯,应由国家计量行政部门批准并发布的量热标准物质,并具有标准物质证书。

(2)0.1 mol·L^{-1} 的氢氧化钠溶液(或 0.1 mol·L^{-1} 碳酸钠溶液)。

(3)10 g·L^{-1} 甲基红指示剂(或酚酞指示剂)。

(4)蒸馏水。

3. 材料

(1)点火丝:直径为 0.1 mm 的镍铬丝、铂丝、铜丝、铁丝、铅丝等,将其切成长 80～100 mm 的线段(长度依据氧弹内部构造和引火系统确定),再把等长的 10～15 根点火丝同时放在分析天平上称重,计算每根点火丝的平均质量。

(2)氧气:不应有氢和其他可燃物,禁止使用电解氧气。

(3)酸洗石棉。

四、氧弹式热量计结构简介

氧弹式热量计主要有氧弹、金属内筒与外筒三部分组成。此外还有搅拌器、引燃装置、样品压样机、弹头座、氧气减压器及氧气过滤器等。

GR-2800 型"绝热式"热量计结构如图 13-1 所示,该仪器是借助于内外筒各有一个铂电阻感温元件以及可控硅等电子元件的控制实现。在实验过程中,外筒温度自动跟踪内筒温度,即内外筒在实验过程中"绝热"。

(一)氧弹

氧弹为热量计的主要部分,由耐酸不锈钢所铸成。分弹头和弹体两部分。弹体为一厚壁圆筒,筒口处有螺纹,借螺帽使弹头与弹体旋紧。螺帽与弹体间嵌有耐酸皮圈,当样品燃烧时,弹内压力增加,迫使弹头压紧螺帽,使其间的橡皮垫圈向侧面膨胀而与弹体筒口壁密合,弹内压力越大,则气密性越严。

弹头上有进气阀、针形出气阀与电极栓。进气阀在弹头内有止围阀,停止充氧后,由于弹体内压力增大,使止围阀上顶,防止氧气逸出。燃烧后的废弃由针形阀排出。

进气阀向下有金属导气管,氧气由进气阀从导气管充入弹体;电极栓向下有一金属棒,与导气管一起构成两电极栓,坩埚悬于二电极之间,试样置于坩埚内,通电后有连在两电极的引火丝点火燃烧。

进气管上固定有遮板,防止试样燃烧时火焰直接喷向弹头,并使产生的热流经遮板反射后,较均匀地分布于氧弹内。

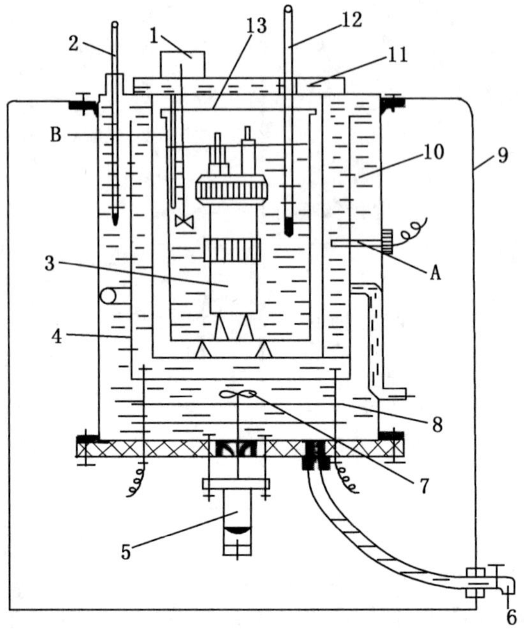

1.内筒搅拌器 2.外筒贝克曼温度计 3.氧弹 4.外筒搅拌器 5.外筒搅拌电机 6.外筒放水龙头 7.外筒搅拌器 8.外筒加热极板 9.外壳 10.外筒 11.水帽 12.内筒贝克曼温度计 13.内筒 A.外筒热散电阻 B.内筒热散电阻

图 13-1 GR-2800 型绝热式热量计结构示意图

引自 GR-2800 型绝热式热量计使用说明书,长沙仪器厂,2004。

GR-2800 型绝热式热量计氧弹的纵剖面图,如图 13-2 所示。

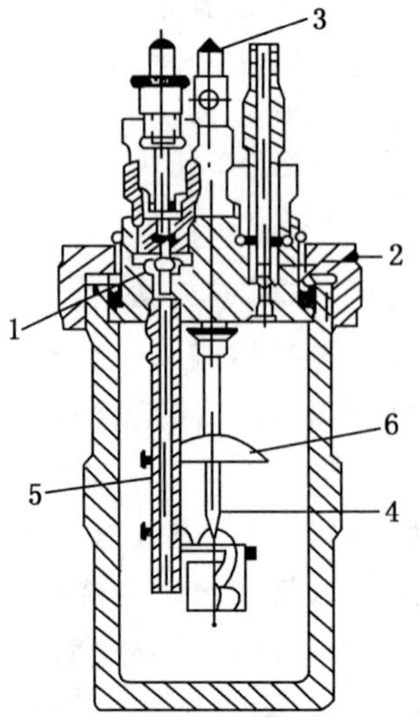

1.充氧阀门 2.放氧阀门 3.电极 4.坩埚架 5.充气管 6.燃烧挡板

图 13-2 GR-2800 型绝热式热量计氧弹的纵剖面图

引自张丽英,饲料分析及饲料质量检测技术(第 2 版),中国农业出版社,2002。

(二)外套与内筒

包括外筒和水帽,是量热系统的环境,试验时装满蒸馏水。外筒中部装有铂电阻感温元件,中下部装有冷却水管。底部有加热极板两块。底中部装有 750 r · min^{-1} 的搅拌器。在外层夹层中间还装有塑料制的搅拌筒,外筒的内壁的外侧面和水帽的外表面全部抛光镀铬。外套的水通过贝克曼温度计的孔加入,通过外壳后面的水龙头放出。

内筒为双壁镀镍的金属筒,是热量计的隔热装置。内筒是内外镀镍的截面,梨形的容器,以减少与外筒间的辐射作用。当氧弹放入水筒后,可加水淹没氧弹,而水面至内筒上缘有 250～500 mL 的空间,内筒容积约 3 L,内筒置于外筒中央的绝热三脚架上,内部设有搅拌器。

(三)搅拌系统

GR-2800 型氧弹式热量计是由内外两筒同时搅拌的,内筒搅拌器由搅拌马达带动,使试样燃烧放出的热量尽快在量热系统内均匀散布,外筒通过搅拌器可给内筒形成一个恒温环境。通过搅拌系统的运动,加速水的循环,使水的温度很快均匀一致。

(四)贝克曼温度计及其测温装置

贝克曼温度计为精密的测温仪器,温度计上最小刻度为 0.01℃,用放大镜可估计出 0.001℃,温度计的刻度范围很小,仅为 0～5℃或 0～6℃。温度计一端有一回形储备泡,用以储存多余的水银。贝克曼温度计结构如图 13-3 所示。

当今数显氧弹式热量计(XRY—1A):采用以温度传感器与 PIC 系列单片微控制器结合的高性能测温系统,测温精度高,稳定性好,测量精度为 0.001℃,且读数方便,可将样品测量全过程中的测温数据存入存储器内,或一次测量完后反复多次读出,全盘取代了贝克曼温度计。

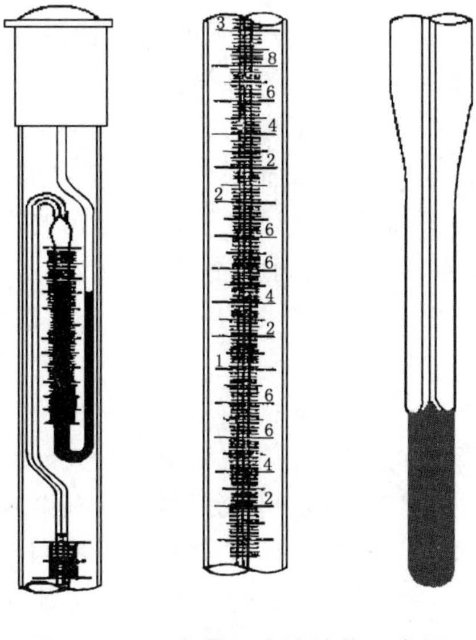

图 13-3 贝克曼温度计结构示意图

引自张丽英,饲料分析及饲料质量检测技术(第 2 版),中国农业出版社,2002。

（五）引燃装置与控制箱

在外壳的正前面装有控制箱面板，仪器的引燃开关、旋钮等全部装在控制面板上。点火插头有2个，点火电压为24 V。

点火丝一般用直径为0.1 mm左右的镍铬丝，中部绕成螺旋形，直径为2 mm，共3～5圈，且与试样接触、通电后引火丝燃断，引燃试样，信号灯即熄灭。

（六）放大镜及电振动装置

放大率为10倍，固定于放大镜架上。此架可沿立柱上下移动，镜头可在镜筒内前后移动，调整距离，便于清晰地观测温度，镜筒后面装有6.3 V的照明灯，电源由控制箱控制。

温度计水银柱在毛细血管中运动，由于摩擦作用而产生黏滞现象，使得读数产生误差。为了消除水银柱的黏滞现象，GR-2800型绝热式热量计上装有振动器。振动器安装在温度计的支架上。读数前3 s可打开振动器开关，振动温度计，振动器控制开关设在控制箱面板上。

（七）压样机

用途是将粉状试样压成饼状。是一种螺旋式或杠杆式压饼机，能压直径约为10 mm的饼块。压模及冲杆由硬质钢制成，表面光洁，容易擦拭。压制时，模子或底片由可移动的垫片支承，压好后，可将垫片移向一边取出模子或试样。压饼机底板上设有用以固定在桌面上的螺钉孔，使用时可将压样机固定在桌面上，不用时应在易生锈部位涂上防锈油脂。

（八）弹头座

专供放置弹头的架子，便于连接引火丝的操作。架子的位置可松开螺钉，进行上下调节。

（九）氧气减压阀

用于瓶装氧气减压，能保持稳定和足够的流量送到氧弹中。一端直接与氧气钢瓶相连，另一端接氧气过滤器或氧弹进气阀。试验时氧弹仅需(2.45±0.49) MPa，而一般氧气钢瓶的压力都很高，所以，须有减压装置。减压器上有2个压力表，其中一个指示氧气钢瓶内的压力，可指示0～25 MPa；另一个表指示被充氧气的氧弹的压力，可指示0～6 MPa，2个表之间装有减压阀。氧弹充氧时所需压力可通过调整减压阀的手钮来控制。压力表每年至少经国家机关检查1次，以保证指示读书正确和使用安全。各连接部分禁止使用润滑油，必要时只能使用甘油，涂抹量不宜过多。如任一连接部分被油类污染，必须用汽油或酒精洗净并风干。

（十）氧气过滤器

降压的氧气通过过滤器除去可能存在的二氧化碳、水及其他酸性气体杂质。过滤器为一镀铬合金制成的厚壁圆筒，开端有塑料垫做密封圈，有螺帽扭紧，有良好的密闭性。筒内有吸水的硅胶和吸收二氧化碳的钠石灰。氧气中的杂质经两头的过滤片过滤。不用时将螺帽扭紧，以防硅胶吸水而溶化。过滤片每隔3～6个月应更换1次。

五、对测热室的要求

测热工作应在恒温条件下进行，每次测定时要求室温尽可能变动不大(不超过3℃)，否则所得结果将引入误差。测热室门窗应严密，室内避免阳光直射以及通风和暖气的影响。室内禁止使用各种热源。

六、样品的制备

(一)饲料样品

与测定一般化学成分的处理相同，饲料须经烘干粉碎，通过孔径 0.45 mm(40 目)的标准筛。在空气中吸潮，与空气湿度平衡后储于样品瓶中。测定时用压样机压成饼状。在称量样品的同时，应测定含水量，以便换算成干物质基础的燃烧热。如用制备好的全干样品测定其燃烧热，效果将更好。含脂肪高的样品(5%～6%或以上)，不可用压样机，以免脂肪损失。可用已知燃烧热的滤纸将样品包好，置于坩埚中燃烧，最后扣除滤纸的燃烧热。

(二)粪样

在消化试验中收集的粪样，先经低温烘干，制备成风干样品，然后粉碎通过孔径 0.45 mm(40 目)的标准筛，制备成平均样品。按与饲料样品相同的方法测定其燃烧热。

(三)尿样

在代谢试验中，收集试验动物每日排尿，经过滤、计量后，取其一部分(2%～3%)保存于密闭的容器中，逐日将尿样混合。为防尿样腐败分解，事先容器中应加入少量防腐剂，如氯仿、甲苯、氟化钠、百里酚等，其中以氟化钠或百里酚的 100 g·L^{-1} 酒精溶液最好，不仅防腐效果好，而且不影响尿的热价。

收集的尿液，含水量高，不宜直接测定燃烧热。处理方法通常有 2 种：

(1)取 2 张已知质量的滤纸折叠置于坩埚中，然后滴加尿液，直至吸透为止，然后将滤纸连同坩埚一起置于 60℃真空干燥，如此反复，直至滤纸吸尿 10～15 mL 为止，测定滤纸和样品的燃烧热。最后应扣除滤纸的热价。滤纸应先在 100～105℃下烘干、称重，然后放在坩埚中进行热价测定。滤纸的燃烧热每批应测 5 次，然后求其平均值。

(2)可吸取尿样 100 mL 于烧杯中，在 60℃水浴上蒸干，然后将全部残渣无损失地转移到已知质量和热价的干滤纸中，包好放入坩埚中，测定滤纸和残渣的燃烧热，然后将滤纸的燃烧热扣除。

(四)乳样

将鲜乳经水浴蒸发制成乳粉(为加快蒸发速度可在乳中加 2～3 滴浓醋酸，加热时醋酸全部挥发，不致影响结果)，然后将乳粉压制成饼状，用与饲料样品同样的方法测定其热价。

(五)血样

可先将血液在烘箱中烘干，磨成血粉，因血粉不易压成饼，可用已知质量和热价的滤纸将血粉包好后，置于坩埚中测定燃烧热，最后扣除滤纸的燃烧热。

(六)动物组织

比较屠宰试验，常常需测定整个动物体或某组织的能量，因此，可分为毛、皮、骨、肉、脂、内脏及血液等样品，分别采样制成测定用样品，然后将上述七部分样品的热价总和加起来。

(1)骨骼样品可用捣碎机捣碎，充分混匀，取样 2～3 g。毛、血样品可在烘干后计其质量，然后取样测定，这样可直接得出全干基础的热价。

(2)皮、肉、脂肪及内脏用绞肉机绞碎，反复 2 或 3 次，尽量使其均匀。为减少操作，可不测定各种组织样的水分，为此应立即称出原始水分基础的测定样品。除脂肪样品取 0.5～0.7 g 外，其他样品可各取 2～3 g。测定原始水分基础的组织，应以少量已知热价的干滤纸进行引燃。

对瘦肉、肥肉(花板油)的处理如下：

(1)瘦肉：可将剥离出的鲜瘦肉置于 70～80℃ 的真空干燥箱中(减压至 13.3～20 kPa)烘至恒重，测定其水分。然后研碎通过孔径 0.45 mm(40 目)的标准筛。其他步骤同饲料样品的制备，但在氧弹坩埚中必须用酸洗石棉垫底。

(2)肥肉(花板油)：先将样品在 70～80℃的真空干燥箱中(减压至 13.3～20 kPa)烘至恒重，然后将融化的油脂与残渣分离。分别测定残渣和油脂的热值。

①将残渣全部包在滤纸包中，放在无水乙醚中浸泡过夜，然后置于索氏抽脂器中抽提 8～12 h。将脱脂的滤纸包放在 100～105℃烘箱中烘 1 h 以后，每烘 30 min 称重 1 次，直至恒重，求出含渣率。将脱脂渣全部研碎，置于热量计中测热，测热方法与饲料样品相同，但氧弹坩埚底部应以酸洗石棉垫底，并且引火丝弧面应距样品表面高些，以防引火丝断裂将样品弹出坩埚。

②油脂部分：先用角匙按几何法分点取样，取油脂 0.5 g 左右，放在垫有石棉的已知质量的氧弹坩埚中称重，然后置于热量计中测热。另外，可在样品表面撒少量(一般 0.02 g 左右)已知质量和热价的苯甲酸以助燃，但总热量中应扣除苯甲酸的热价。注意引火丝的弧面要距样品表面至少 0.5 cm。否则在充氧时，引火丝陷于样品中，只通气而不燃烧，造成测热失败。

③根据油脂与残渣在样品中所占质量分数，计算样品所含热值，计算的公式如下：

$$Q[\text{样品(干物质基础)}]=\frac{Q(\text{油渣})\times\omega(\text{油渣})-Q(\text{油脂})\times\omega(\text{油脂})}{m(\text{样品})(\text{干物质基础})}$$

七、操作步骤

(一)准备工作

测定前应擦净氧弹各部污物及油渍，以防试验时发生危险。氧气钢瓶应置于阴凉安全处，并应注意避免滑倒。

1. 称量样品及引火丝的准备　取 1.0～1.5 g 风干饲料样品(经粉碎通过孔径 0.45 mm(40 目)的标准筛)，用压样机压成饼状(引火丝不应压入饼中)，然后置于干燥洁净的坩埚中称重(准确至 0.000 2 g)。若使用石英坩埚，为避免破裂，可用酸洗石棉垫，样品的量依测定时温度上升不高于 3～4℃为准，最好以 1℃左右为宜。如温差大时，热量计因辐射而损失的热也多，引起的误差也较大。此外，在称量样品的同时，应测定样品的含水量，以便换算成绝干基础的热价。

量取及称重 10～15 cm 的引火丝，将盛有样品的坩埚置于弹头的坩埚支架上，将引火丝固定在 2 个电极之上，其中一端应距样品表面 1～2 mm。引火丝切勿接触到坩埚。

2. 加水及充氧　在氧弹中加入 5～10 mL 蒸馏水，以吸收燃烧过程中产生的五氧化二氮与三氧化硫气体。加入的水量不要求很精确，但应与测定热量计水当量相一致。

然后用螺帽将弹头与弹体扭紧，取下进气阀的螺母，拧上连接氧气瓶的气管接头，充氧之前应先打开针形阀。先充氧约 0.50 MPa，使氧弹中空气排尽。然后缓慢地冲入氧气直至弹内压力为 2.45～2.95 MPa。

3. 内外水筒的准备及热量计的安装　从外筒的注水口加入蒸馏水至离上缘 1.5 cm 处止，约 5.5 L。为防止水中杂质的沉淀，应用蒸馏水。如热量计长期不用，应将水套中的水全部放出干燥保存。

将内筒放入外筒，并将上述氧弹放入内筒中的氧弹座架上，再向内筒内加入约 2 400 g（称准至 0.5 g）蒸馏水，热量计内筒的蒸馏水应盖过氧弹进气阀螺母 2/3 高度。各套仪器的加水量不同（2 000～3 000 g），国产 GR-3500 型热量计的加水量为 3 000 g（如不具备称量条件，可用容量瓶量取 2 000～3 000 mL 蒸馏水，但必须按不同温度时水的密度加以校正），每次加水量必须相同。

内筒加入的蒸馏水的温度应与室温相同或低 1℃，外筒水温通过电子器件自动跟踪加热到与内筒温度相同，这样可防止外筒温度受到室温的影响，即使室温有±5℃的变化，测定结果也不会受到室温的影响。

氧弹在内筒中应放置在适当的位置，勿使搅拌器的叶片与内筒或氧弹接触，然后将贝克曼温度计分别插入内外筒，使其水银球中心位于氧弹一半高度的位置，最后盖上盖子。

4. 仪器初始平衡点的调整　整个热量计准备就绪后，开动搅拌开关。为保证测定时搅拌所生的热大致相等，搅拌器的速度变化不得超过 10%。搅拌速度可由控制箱上的旋钮加以调节。打开外筒冷却水，当冷却水比内筒水温低 5℃ 时，则冷却水流量一般为 400～500 $mL \cdot min^{-1}$。打开加热开关，用手转动电桥平衡旋钮，破坏电桥的平衡，观察加热电流表的电流，同时给外筒的蒸馏水中加 10% 的氯化钠溶液，提高外筒的导电率，直到加热电流表上最大加热电流为 5～8 A。调整电桥平衡旋钮，用放大镜读取内筒温度，直到 5 min 内内筒温度变化不超过 0.001℃。仪器平衡点确定后，电桥平衡旋钮在以后试验中一般不要调整。此时，内外筒水温相差约 0.3℃。

（二）测定工作

全部测定工作分为 2 个阶段：燃烧前期（即初期）、燃烧期（即主期）。

1. 燃烧前期　是燃烧之前的阶段。开动搅拌开关和冷却水开关，打开加热开关，10 min 后用放大镜读内筒温度，5 min 后再读内筒温度，如果内筒 5 min 温度变化不超过 0.001℃，记录此刻的内筒温度 T_1，即初始平衡点的温度。若内筒温度在 5 min 超过 0.001℃ 的变化，则需微调电桥平衡旋钮。如内筒温度变化有上升趋势，则使电桥平衡旋钮左旋；如内筒温度变化有下降趋势，则使电桥平衡旋钮右旋。

2. 燃烧期　燃烧前期末及燃烧期开始，按电钮点火，同时开始计时，10 min 后读内筒温度 1 次，再过 5 min，读内筒温度 1 次，直至内筒温度 5 min 上升不超过 0.001℃ 为止，记录此刻温度 T_2，即终了平衡点温度。使用的点火电压约为 24 V，由于点火而进入热量计体系的电热通常可忽略。但通电流的时间每次都应相同，不应超过 2 s。如通电时间过久，则因点火而产生的热会影响测定结果的精确度。

（三）结束工作

当内筒温度 5 min 上升不超过 0.001℃ 时，停止观察温度，关闭仪器总电源开关，再加大冷却水，使外筒水温降到初始平衡点温度以下为止。首先取下温度计，然后取出内筒及氧弹，氧弹应静置 30 min，使能溶解的气体完全溶解。然后将排气口打开，使氧弹中剩的氧气和二氧化碳在 5～10 min 内缓慢排出。打开氧弹，观察氧弹内部，如有黑烟或未燃尽的试样，则这个试验应作废。如燃烧成功，则小心取出未烧完的引火丝，精确测量其长度并称重。用热蒸馏水仔细冲洗氧弹内壁、坩埚及进气阀、导气管等各部分，洗弹液量应为 150～200 mL，洗液及燃烧后的灰分移入洁净的烧杯中，盖上表面皿，供测定酸与硫的含量，以校正酸的生成热。在一般情况下，由于酸的生成热很小，约为 4 J，因此常忽略不计。

如发现在坩埚或氧弹内有积炭，则此次试验作废。

氧弹、内筒、搅拌器在使用后应先用自来水再用蒸馏水洗干净，然后用纱布擦干净。各塞门应保持不关闭状态，并用热风将其接触部分吹干，防止塞门生锈而不能密闭而漏气。每次燃烧结束后，应清除坩埚中的残余物。普通坩埚可置于高温电炉中，加热至 600℃ 维持 3～4 min，除去可能存在的污物及水分。白金坩埚可在稀盐酸中煮沸，也可用氟氢酸稍加热以去污，石英坩埚只能擦拭。因加热与用氟氢酸处理，都对石英有损。

八、样品燃烧热（总能）的计算

1. 样品燃烧热（Q） 按下列公式计算：

$$Q=\frac{kH[(T_2+h_2)-(T_1+h_1)]-qb-0.006V}{m}$$

式中：Q 为饲料或粪、尿样品的燃烧热，$kJ \cdot g^{-1}$；k 为热量计的水当量；H 为贝克曼温度计上每一刻度相当于实际温度值，℃；T_2 为内筒终了平衡点温度，℃；h_2 为温度为 T_2 时对温度计的矫正值，℃；T_1 为内筒初始平衡点温度，℃；h_1 为温度为 T_1 时对温度计的校正值，℃；q 为点火丝的热值，$kJ \cdot g^{-1}$；b 为实际消耗的点火丝的质量，g；V 为滴定洗弹液所消耗的 0.1 $mol \cdot L^{-1}$ 氢氧化钠溶液的体积，mL；0.006 即指硝酸的生成热，按 1 mL 0.1 $mol \cdot L^{-1}$ 氢氧化钠溶液相当于 0.006 kJ；m 为样品的质量，g。

样品 2 次平行测定结果允许相差不超过 0.13 $kJ \cdot g^{-1}$。

点火丝热值：铁丝，6.69 $kJ \cdot g^{-1}$；镍丝，3.24 $kJ \cdot g^{-1}$；铜丝，2.51 $kJ \cdot g^{-1}$；铅丝，0.42 $kJ \cdot g^{-1}$。

注：使用 GR-2800 型绝热式热量计，与 GR-3500 相比最大的优点就是简化了试验过程，并且试验结果数据处理无需热交换校正（即奔斯特公式校正）。

2. GR-3500 型热量计样品燃烧热（Q） 按下列公式计算：

$$Q=\frac{kH[(T_2+h_2)-(T_1+h_1)+\Delta T]-qb-0.006V}{m}$$

式中：ΔT 为热量计与周围空气的热交换校正值；其他符号同上。

（1）热交换校正值 ΔT 的计算：使用 GR-3500 型测定热量过程中，外筒水温与室温平衡，应保持其恒定不变。内筒水温低于外筒 1～1.5℃，在点火燃烧前，热由外筒向内筒辐射。点火燃烧后，内筒温度上升超过外筒温度后，热由内筒向外辐射。由于此种辐射的影响，观察到的温度需要校正。可应用奔斯特公式来计算。测定过程中内、外筒热辐射的关系如图13-4所示。

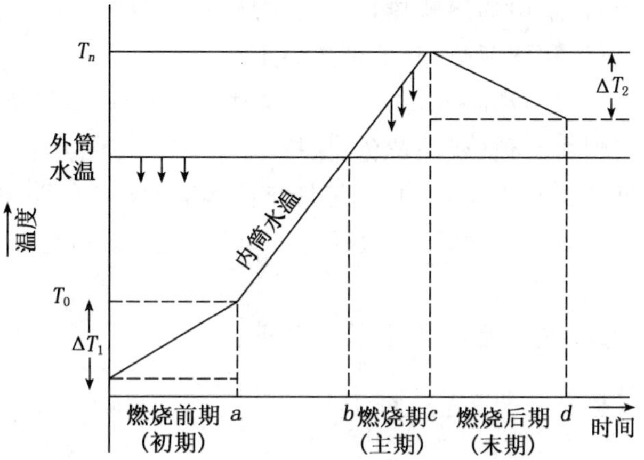

图 13-4 GR-3500型内外筒热辐射的关系示意图

引自张丽英，饲料分析及饲料质量检测技术(第2版)，中国农业出版社，2002。

奔斯特公式如下：

$$\Delta T=\frac{(V+V')}{2}n_1+V'n_2$$

式中：V为初期阶段每0.5 min温度平均变化(负值)(以10次为准)；V'为末期阶段每0.5 min温度平均变化(正值)(以10次为准)；n_1为主期阶段中快速生温0.5 min次数(每0.5 min温度上升大于0.3℃)；n_2为主期阶段中慢速生温0.5 min次数(每0.5 min温度上升小于0.3℃)。

当点火燃烧之初，内筒水温迅速上升时，热量计体系和环境(外筒水温)之间热交换速度相当于燃烧前期和后期温度变化速度的算术平均数，即$(V+V')/2$。当温度上升较慢时，则相当于燃烧后期的冷却速度，V，V'以10次为准便于计算。

九、热量计的水当量

1. 定义　是指整个量热体系(包括氧弹、搅拌器、内筒、温度计以及辐射损失部分)的热容量，在数值上，用相当于水的质量(g)来表示，即使仪器体系温度上升1℃所需的热量，能使多少克水温上升1℃，又称水当量。仪器的热容量不是恒定不变的常数，当操作条件变化时，如更换或修理热量计上的元件或更换温度计，室温与上次测定水当量时的室温相差超过5℃，热量计移到别处等，均应重新测定热量计的水当量。

2. 热量计水当量的测定　测定方法与测定样品燃烧热的方法相同，测定条件完全一样。只是用一定质量的已知热价的纯有机化合物来代替试样，可用苯甲酸、水杨酸等，其中，苯甲酸最为常用。常用有机化合物的热价：苯甲酸，26.46 kJ·g^{-1}；水杨酸，21.95 kJ·g^{-1}；蔗糖，16.51 kJ·g^{-1}；安息香酸，26.46 kJ·g^{-1}。苯甲酸应先研细，在100～105℃烘箱中烘干3～4 h，冷却到室温，再放在盛有硫酸的干燥器中干燥，直到每克苯甲酸的质量变化不大于

0.000 5 g为止。

另外，测定热量计的水当量时，除了扣除引火丝本身燃烧发热量外，还要校正其他来源的热量，如酸的生成热和在水中的熔解热，以及因含硫不同而产生的不同硫酸生成热。一般情况下，只校正酸的生成热和熔解热，其他可忽略不计。

将盛有洗液的烧杯加热至沸腾5 min，加2滴酚酞（或甲基红）指示剂，用0.1 mol·L^{-1}氢氧化钠标准溶液滴定到粉红色（或茶黄色）保持15 s不变，记录消耗的氢氧化钠溶液的体积。硝酸的生成热按每毫升0.1 mol·L^{-1}氢氧化钠溶液相当于0.006 kJ计算。

水当量的测定应至少测定5次，每2次误差不应超过10 g，最后取其算术平均值作为该条件下仪器的热容量。

3. 热量计的热容量（或水当量） 计算公式如下：

$$K=\frac{Qm+qb+0.006\ V}{H[(T_2+h_2)-(T_1+h_1)]}$$

式中：K为热量计的水当量，g/℃；Q为苯甲酸的热值，kJ·g^{-1}；m为苯甲酸的质量，g；V为滴定洗弹液所消耗的氢氧化钠溶液体积，mL；其他符号同样品燃烧热的测定公式。

十、测定结果记录

（一）示例

热量计的热容量测定记录表　　　　年　月　日

<table>
<tr><td>贝克曼温度计基点</td><td colspan="3">0基点</td><td>燃烧情况</td><td colspan="2">良好</td></tr>
<tr><td>室温</td><td>25.5℃</td><td>内筒水温</td><td>25.5℃</td><td>冷却水温</td><td colspan="2">19℃</td></tr>
<tr><td>内筒加蒸馏水重</td><td>2 400 g</td><td>冷却水流量</td><td>400 mL/min</td><td>充氧气压</td><td colspan="2">30 kg·cm^{-2}</td></tr>
<tr><td rowspan="2">苯甲酸</td><td>质量</td><td>1.036 2 g</td><td rowspan="2">内筒</td><td>初始平衡点温度 T_1</td><td>1.354℃</td><td>修正后 1.353℃</td></tr>
<tr><td>热价</td><td>26.46 kJ·g^{-1}</td><td>终了平衡点温度 T_2</td><td>3.666 5℃</td><td>修正后3.666 5℃</td></tr>
<tr><td rowspan="2">点火丝发热量</td><td>长度</td><td>10 cm</td><td>剩余长度</td><td>2.4 cm</td><td colspan="2">实用长度 7.6 cm×0.003 5 kJ·cm^{-1}=0.027 kJ</td></tr>
<tr><td>质量</td><td>g</td><td>剩余质量</td><td>g</td><td colspan="2">实用质量____g×____kJ·g^{-1}=____kJ</td></tr>
<tr><td>产酸发热量</td><td colspan="6">0.1 mol·L^{-1}NaOH　0.6 mL×0.006 kJ=0.003 6 kJ*</td></tr>
<tr><td>其他助燃物发热量</td><td colspan="6">用量 ____g×热价 ____kJ·g^{-1}=____kJ</td></tr>
<tr><td rowspan="2">测定结果</td><td colspan="4">$K=\frac{Qm+qb+0.006V}{H[(T_2+h_2)-(T_1+h_1)]}$</td><td colspan="2">$K=$ 11.86 kJ/℃</td></tr>
<tr><td colspan="6">计算：
$K=\frac{Qm+qb+0.006V}{H[(T_2+h_2)-(T_1+h_1)]}=\frac{26.46\times1.036\ 2+0.027+0.003\ 6}{1.00[3.666\ 5-1.353]}=11.86(\mathrm{kJ/℃})$</td></tr>
</table>

测定人：________

(二)附表 1　量热计的热容量测定记录表

量热计的热容量测定记录表　　　　年　月　日

贝克曼温度计基点				燃烧情况		
室温	℃	内筒水温	℃	冷却水温	℃	
内筒加蒸馏水重	g	冷却水流量	mL/min	充氧气压	$kg \cdot cm^{-2}$	
苯甲酸	质量	g	内筒	初始平衡点温度 T_1	℃	修正后　℃
	热价	$kJ \cdot g^{-1}$		终了平衡点温度 T_2	℃	修正后　℃
点火丝发热量	长度	cm	剩余长度	cm	实用长度____ cm×____ $kJ \cdot cm^{-1}$=______ kJ	
	质量	g	剩余质量	g	实用质量____ g×____ $kJ \cdot g^{-1}$=______ kJ	
产酸发热量	0.1 $mol \cdot L^{-1}$ NaOH ____ mL×0.006 kJ=______ kJ					
其他助燃物发热量	用量 ____ g×热价____ $kJ \cdot g^{-1}$=______ kJ					
测定结果	$K=\dfrac{Qm+qb+0.006V}{H[(T_2+h_2)-(T_1+h_1)]}$				$K=$______ kJ/℃	
	计算：					

* 硝酸的生成热按消耗每毫升 0.1 $mol \cdot L^{-1}$ NaOH 溶液相当于 0.006 kJ 计算。

测定人：________

(三)附表 2　样品燃烧热测定记录表

样品燃烧热测定记录表　　　　年　月　日

贝克曼温度计基点				燃烧情况		
室温	℃	内筒水温	℃	冷却水温	℃	
内筒加蒸馏水重	g	冷却水流量	mL/min	充氧气压	$kg \cdot cm^{-2}$	
样品	名称		内筒	初始平衡点温度 T_1	℃	修正后　℃
	质量	g		终了平衡点温度 T_2	℃	修正后　℃
	含水量	%				
点火丝发热量	长度	cm	剩余长度	cm	实用长度____ cm×____ $kJ \cdot cm^{-1}$=______ kJ	
	质量	g	剩余质量	g	实用质量____ g×____ $kJ \cdot g^{-1}$=______ kJ	
产酸发热量	0.1 $mol \cdot L^{-1}$ NaOH ____ mL×0.006 kJ=______ kJ					
其他助燃物发热量	用量 ____ g×热价____ $kJ \cdot g^{-1}$=______ kJ					

续附表2

测定结果	$Q=\dfrac{kH[(T_2+h_2)-(T_1+h_1)]-qb-0.006V}{m}$	$Q=$______ $kJ \cdot g^{-1}$
	计算：	

测定人：________

十一、注意事项

(1)不能将粉碎的样品直接加入坩埚中，以防充氧时将样品吹出坩埚，使燃烧不完全。

(2)含脂肪高(含脂肪6%以上)的试样，不可用压样机，以免脂肪损失，可用已知热值的滤纸将试样包好，置于坩埚中，最后扣除滤纸的热值。

(3)试样在氧弹中燃烧产生的压力较大，因此在使用后应将氧弹内部擦干净，以免引起弹壁腐蚀，减少其强度。

(4)氧弹、量热容器、搅拌器在使用完毕后，应用干布擦去水迹，保持表面清洁干燥。

(5)氧气遇油脂会爆炸。因此氧气减压器、氧弹以及氧气通过的各个部件及各连接部分不允许有油污，更不允许使用润滑油。如发现油垢，应用乙醚或其他有机溶剂清洗干净。

(6)坩埚在每次使用后，必须清洗和除去碳化物，并用纱布清除黏着的污点。

思考题

1. 简述氧弹式热量计测定燃烧热的基本原理。
2. 描述GR-2800型绝热式热量计的主要构造和功能。
3. 什么是热量计的水当量，怎样测定及注意事项有哪些？
4. 简述用氧弹式热量计测定燃烧热的主要步骤。
5. 对测热室的基本要求有哪些？
6. 固体样品为什么要压成片状？如何测定液体样品的燃烧热？
7. 试述影响样品燃烧热测定准确性的因素。

第二章　畜禽的消化代谢实验

第一节　体内消化代谢实验

实验十四　饲料中某养分消化率的测定

饲料的化学成分分析只能说明饲料中各种养分的含量，而不能表明它们能被动物消化利用的程度。动物采食的饲料经消化后，一部分被分解、消化和吸收，另一部分未被消化的残渣以粪便的形式排出体外。因此，准确测定饲料或饲粮中可消化养分的含量具有重要意义，也是评定饲料营养价值的重要方法。

饲料中某养分的食入量与从粪中排出量的差，即为可消化养分含量。消化率就是指饲料中可消化养分占食入饲料养分的百分率。

计算公式如下：

$$\text{饲料中可消化养分}=\text{食入饲料中养分}-\text{粪中养分}$$

$$\text{饲料某养分消化率}=\frac{\text{可消化养分含量}}{\text{食入饲料中某养分量}}\times 100\%$$

饲料总能减去粪中的能量，称为消化能。消化能与所采食同一饲料总能的百分比，称为饲料能量的消化率。

由于粪中所含各种养分并非全部来自未被消化吸收的饲料，还有一部分来自消化道分泌物和经消化道排泄的代谢产物、消化道黏膜脱落细胞、消化道微生物及其代谢产物，这些产物常被称为粪代谢性产物(metabolic fecal products，MFP)。故上述公式计算的消化率为表观消化率(apparent digestibility)。从饲料中的养分减去不含 MFP 的粪中养分，求得的消化率一般被称为真消化率(true digestibility)。可用以下公式表示：

$$\text{饲料中某养分的真消化率}=\frac{\text{食入饲料中某养分量}-(\text{粪中某养分量}-\text{粪代谢性产物中某养分量})}{\text{食入饲料中某养分量}}\times 100\%$$

显然，同一饲料养分的表观消化率总是低于其真消化率。用真消化率表示饲料养分的消化程度比用表观消化率更真实可靠。但对于许多养分来说，要准确收集与测定试验动物 MFP 的养分是非常困难的，因此，用表观消化率来评定饲料的消化性能仍被普遍采用。

为测定饲料营养物质或能量的消化率和饲料消化能值，需用动物进行消化试验。用动物测定饲料养分经过其消化道后的消化率常称体内(in vivo)消化实验。体内消化实验通常分为全收粪法(常规法，又称肛门收粪法)和指示剂法。因收粪的部位不同，全收粪法又可分为肛门收粪法和回肠末端收粪法。指示剂法也可分为内源指示剂和外源指示剂法。

一、全收粪法(total collection method)

(一)原理

通过准确记录动物对饲料的进食数量，同时全部无损地收集其对应的排粪量，从二者所含营养物质数量之差求出饲料中可消化养分量，进而算出其消化率。

(二)仪器设备与药品试剂

(1)消化代谢笼；

(2)实验室用样品粉碎机或研钵；

(3)分样筛：孔径0.45 mm(40目)；

(4)分析天平：感量0.000 1 g；

(5)台秤：载量10～15 kg，感量5 g；

(6)磅秤：称体重用，大小自定，感量0.1 kg；

(7)普通天平：载量500 g，感量0.01 g；

(8)集粪桶(带盖)；

(9)大、小粪铲；

(10)搪瓷盘：20 cm×30 cm；

(11)培养皿：11～15 cm；

(12)电热鼓风恒温烘干燥箱：可调温度为50～150℃；

(13)塑料袋：30 cm×45 cm；

(14)广口瓶：磨口，250 mL，保存样品；

(15)10%硫酸或盐酸或酒石酸溶液；

(16)氯仿。

(三)消化试验收粪装置

为了方便收集粪便，最好将试验猪置于消化代谢笼(图14-1)内进行个体笼养。笼的大小以猪在笼内前后走动和起卧，却不可以转身为宜。也可饲养在栏式猪圈，确保做到个体饲喂和相互间的粪便无污染混杂。猪舍的地面要求是平整、坡度在5%～7%之间的水磨石或水泥地，从而保证尿流向一面。猪排尿后应及时冲洗。

笼式装置需驯养试畜，不适合长期饲养试畜，但能够比较准确地分离粪尿并掌握其收量；饲养在栏式装置中的试畜，比较安逸，可以活动，相对符合试畜的生理要求。

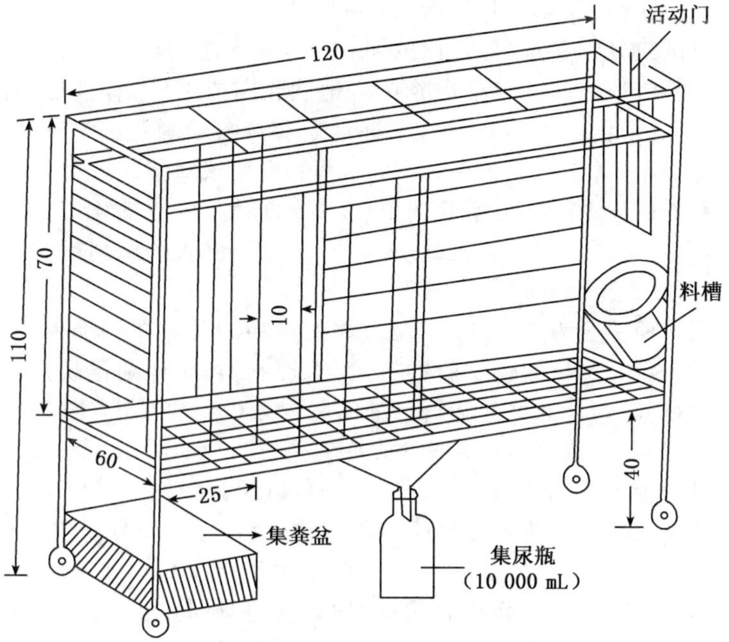

图 14-1 猪笼式消化试验装置尺寸(单位:cm)

(四)全收粪法的原则和方法步骤

1.试验猪的选择 为了尽可能地消除各种因素对消化实验结果的影响,对试验猪的选择至少应注意以下几点:

(1)应选择经驱虫、免疫注射,并无任何疾病迹象,生长发育、营养状况、食欲与体质均正常,有代表性的猪为试验猪。

(2)同一测定猪的品种、日龄、体重、性别、血缘关系和发育阶段,应该是基本一致。如对性别无特殊要求的,常选用公猪,便于粪尿分开。

(3)试验猪的体重:测定日粮或饲料消化率时宜用体重在 30~65 kg、3~5 月龄的去势公猪。

(4)试验猪头数可根据试验目的及要求的精度来确定,即在某一规定的置信区间按可辨别差异的大小,决定所用动物的头数。如为了达到 5%显著水准所需试畜头数为:$n\geqslant$某养分消化率的标准差$\times\sqrt{2}\times 2/\sqrt{n}$。

一般每测一种饲料初选不宜少于 5 头,最后选留头数不少于 3 头。在比较猪对不同饲粮或饲料养分消化率时,可采用拉丁方设计,以消除个体间的差异,增加实验结果的数据,进行方差分析时,其误差自由度以不少于 10 为宜。

2.饲养管理 猪舍应符合卫生防疫要求,猪舍温度为 15~27℃,自然光照,除喂料与清扫粪便依据试验设计的要求照办外,其余管理措施均应按常规操作规程进行,如每日给予试验猪充足清洁的饮水任其自由饮用等。

3.测试饲料和饲粮的准备 用于测试的饲料要一次备齐,并按每日每头饲喂量称重分装,并采取分析样品供测定干物质和养分含量用。饲粮应按消化实验的目的和试验设计要求配制并满足试验猪的基本要求。日饲喂量以动物能全部摄入(尽量食尽且无剩料)为原则。

4. 测试程序　试验分驯养观察期、预试期和正式期3个阶段。

(1)驯养观察期:将选好的试验猪饲养在消化试验圈或试验笼内,观察试验猪对环境的适应情况,训练其定点采食、饮水和排粪,掌握食量和调整给料量。试验猪完全适应了新环境、采食正常、行为安逸后才进入预试期。有时也可在此阶段对猪进行驱虫和加强免疫处理。

(2)预试期:目的是让动物适应实验饲粮、规程和环境,排空消化道原有的内容物,掌握动物的排粪规律,了解采食量。一般预试期为5～10 d。进入预试期后,禁食规定以外的饲料,在预试期的最后3 d开始定时定量饲喂。

(3)正式期:正式期一般为6～10 d。全收粪法成功的关键在于准确计量每头试验猪每日采食量和排粪量。定时定量给饲实验饲料,若出现剩料,应详细记录每次的剩料量,并立即测出其干物质含量,准确计算试验猪每日的实际食入量。在正式期的第一天开始,将试验猪粪便随排随采,收集在带盖容器内,并记录每头猪每日(24 h)(以早饲后1 h至午饲中间基本上不排粪的时间为界)排粪量,收集粪便的天数以偶数为好。

5. 粪样的采集与处理　各头猪每日排粪收齐称重后,立即充分混匀,用四分法按3种用途取样:①取每日排粪量的10%(分为2份,每份不少于50 g),平铺于培养皿中,置于100～105℃烘箱内测定总水分,求其干物质含量;②取每天排粪量的2%(分为2份,每份不少于5 g),立即测定粪氮;③取每天排粪量的20%(数量在100～150 g之间),平铺于搪瓷盘中,置于70℃烘箱中烘干(中途轻翻几次,以利快干),取出回潮,测定初水分。然后磨碎过40目筛,储存于样品瓶中,供吸附水及其他成分测定用。上述3种用途的样品也可以每头猪为单位,按每天排粪量的固定比例留鲜样(－20℃保存),待正式期收粪结束后,将每期全部鲜粪样,流水解冻后,集中混匀,一并进行取样处理和测定。

当无条件测定鲜粪中氮含量或制备冻干粪样且又无法保存鲜粪样品时,为防止鲜粪中氨态氮逸失,一般采用加酸固氮法。有用稀硫酸、稀盐酸等无机酸,也有用硼酸、酒石酸等有机酸。用无机酸时往往会因无机酸与粪中有机物加水分解导致粪样干物质的绝对量的减少,从而使氮的测定结果的计算值偏高。同时在烘干过程中稀酸浓缩会引起部分粪样碳化,因此有些学者建议采用不含结晶水的有机酸溶液。比较好的办法是在鲜粪样中加入相当于1/4所取鲜粪重,体积分数为10%的酒石酸水溶液(或其乙醇溶液),与粪样拌匀后连同搅拌用的玻璃棒一齐置于70℃烘箱中烘干,按常法制备样品。分析粗蛋白质量时,再行测定蛋白粪样水分,将样品折算成绝干物质后再扣除样品中的酒石酸量。

注意:粪样加水烘干后,附着在器皿上的全部粪样需仔细地用小刀全部刮下混匀,避免损失或乱混。无论怎样,对每日每头猪粪样的初水分含量最好随时测定。

(五)饲料及粪样品的分析

饲料及粪样品中的各种营养成分的分析方法,请参照本书第一章饲料营养成分分析方法。

(六)结果计算与统计分析

1. 饲料和被测饲料养分消化率或表观消化能　以试验猪个体为单位计算饲粮和被测饲料养分消化率或表观消化能,以各头猪测定值算术平均值为结果。

2. 测试结果小数点后保留位数　饲料样、粪样总能($kJ \cdot g^{-1}$)和表观消化能值($kJ \cdot g^{-1}$)保留小数点后2位数;饲料干物质含量(%)保留小数点后1位数;食入饲料总量(g)和粪干物质排出量(g)及养分消化率(%)取整数。

3. 饲粮或饲料某养分的消化率的计算

$$RCD=\frac{IDM\times RC-FDM\times FC}{IDM\times RC}\times 100\%$$

式中：RCD 为饲粮或饲料某养分的消化率(%)；IDM 为食入饲粮或饲料干物质量(g)；RC 为饲粮或饲料干物质中某养分含量(%)；FDM 为从粪中排出的干物质量(g)；FC 为粪干物质中某养分含量(%)。

4. 饲粮表观消化能计算

$$\text{表观消化能}(kJ\cdot g^{-1})(\text{干物质基础})=\frac{\text{食入饲料总能}-\text{排粪总能}}{\text{食入饲料干物质量}}$$

式中：

食入饲料总能＝食入饲料量×食入饲料总能

排粪总能＝粪干物质排出量×粪干物质总能

食入饲料干物质量＝食入饲料风干物质量×饲料风干样品中干物质质量分数

5. 饲粮中单一饲料的消化率测定法 某些饲料由于其适口性、含有毒有害物质，不能单一饲用的饲料，其消化率的测定需要采用间接法。间接法又分为套算法、联立方程组法和外插值法。

(1)套算法：该法需进行 2 次试验。第一次试验先测定基础饲粮的消化率，然后在第二次试验时再测由 70%～80%基础饲粮和 20%～30%的待测饲料构成的新混合饲粮的养分消化率。待测饲料的比例可视其适口性及第二次试验饲粮的营养结构进行合理调整。最好用 2 组动物进行交叉试验，试验方案如下：

试验	时间	第一组	第二组
		饲粮	饲粮
第一次 消化实验	预试期 正式期	基础饲粮	70%～80%基础饲粮， 20%～30%待测饲料
5～7 d 过渡期			
第二次 消化实验	正式期	70%～80%基础饲粮， 20%～30%待测饲料	基础饲粮

套算法假定基础饲粮养分的消化率在 2 次测定中保持不变，养分的消化率具有可加性。在基本假定成立的情况下，通过 2 次消化试验资料便可按下式套算出待测饲料的养分消化率。

$$\text{待测饲料养分消化率}=\frac{100\times(DT-DB)}{f}+DB$$

式中：DB 和 DT 分别为基础饲粮与新饲粮养分的消化率；f 为待测饲料养分占新饲粮该养分的比例。

这种方法的缺点是：待测饲料养分的消化率常常受基础饲粮营养水平的制约。当基础饲粮营养水平低于待测饲料营养水平时，测定结果偏高；反之，偏低。特别当测粗纤维、粗蛋白质、粗脂肪高的饲料时，测定准确度更差。另外，基础饲粮与待测饲料中某些养分间的互作也会影响到被测饲料消化率的测值。为了保证测定结果的相对准确，就应保持基础饲粮养分消化率的稳定。因此必须注意：①基础饲粮应是营养平衡的配合饲料(应满足动物营养需要)，且基础饲粮中含有5%～10%待测饲料；②2次试验所需的基础饲粮应一次配齐；③待测饲料在新饲粮中替代基础饲粮的比例不宜太少，一般以20%～30%为宜，不能低于15%。

(2)联立方程组法：为了克服套算法基础饲粮营养水平及其内在质量对待测单一饲料养分或能量消化率的影响。用基础饲粮与待测饲料的不同配比的饲粮两两组合，通过二元一次联立方程组解出基础饲粮或待测饲料养分消化率。计算方法如下：

$$\begin{cases}a_{11}X_1+a_{12}X_2=b_1\\a_{21}X_1+a_{22}X_2=b_2\end{cases}$$

式中：X_1，X_2 分别为基础饲粮和待测饲料养分或能量消化率；a_{11}，a_{12}，a_{21}，a_{22} 分别为2次测定饲粮中基础饲粮和待测饲料的比例；b_1，b_2 分别为2次实测的饲粮养分或能量消化率。

解：

$$X_1=\frac{a_{22}b_1-a_{12}b_2}{a_{11}a_{22}-a_{12}a_{21}}$$

$$X_2=\frac{a_{11}b_2-a_{21}b_1}{a_{11}a_{22}-a_{12}a_{21}}$$

(3)外插值法：在测定某饲料前，先进行待测饲料与基础饲粮按不同比例配制成的饲粮的消化实验，以待测饲料在总饲粮中所占比例(%)为自变量(X)，以不同比例配制成的饲粮养分消化率(%)实测值为因变量(Y)，进行简单回归分析，最后设 $X=100$，代入下式即可计算待测饲料的养分消化率：

$$Y=a+bX$$

式中：a 为截距；b 为回归系数。

这一方法从理论上讲，可以系统全面地测定出待测饲料在不同营养水平下的可消化性，但工作量大，而且不适于评定粗纤维、粗蛋白质极高的饲料，因为当 $X=100$ 时，X 与 Y 值不一定呈直线线性关系，测定值完全失真。除用于专门研究或固定产品的质检外，该法很少作为常规方法使用。

(七)说明

(1)在正式期的开始与结束时均应分别称测试验猪的体重，供分析试验测定结果时参考。

(2)由于动物消化道是体内经吸收代谢后矿物质的重要排出途径，所以，消化试验并不作饲料矿物质成分消化率的测定；B族维生素受肠道微生物合成干扰，因而，测定饲料维生素的消化率也没有意义。实践中消化试验只用于进行干物质、有机物、能量、粗蛋白质、粗纤维、粗脂肪、无氮浸出物以及灰分等项目的分析测定。

二、指示剂法(indicator method)

指示剂法又称稳定物质法。

(一)原理

运用某种完全不被猪消化吸收的物质作为指示物质来测定饲料养分消化率的方法称为指示剂法或稳定物质法。此法系假设饲料养分经过猪消化道后没有损失,如同指示物一样完全无损失地排出体外,这样粪中养分与指示物的比值应当和它们在饲料中的比值相等,而实际上,饲料中的养分经过消化道后总要有一部分被猪体消化吸收,粪中养分与指示物的比值必然降低,这个比值降低的数值占它们在饲料中比值的百分数即为饲料养分的消化率。

设:a 为饲料中某养分含量(%);b 为粪中某养分含量(%);c 为饲料中指示物含量(%);d 为粪中指示物含量(%);M 为饲粮或粪中指示剂的绝对总量(g)。

那么,运用指示剂法测定饲料养分消化率(x)的计算公式推导如下:

$$x=\frac{M\times\frac{a}{c}-M\times\frac{b}{d}}{M\times\frac{a}{c}}\times 100\%=\frac{\frac{a}{c}-\frac{b}{d}}{\frac{a}{c}}\times 100\%=\frac{ad-bc}{ad}\times 100\%=100-100\times\frac{bc}{ad}$$

从上式中可以看出,指示剂法的优点是,不必准确测定试验猪在试验期间的采食量和排粪量,只需根据此间日粮与粪中养分和指示剂的含量进行计算即可得到结果。因此,该法不仅简化了消化试验操作程序,而且大大减少了工作量。同时,在一些无法或不方便直接计量采食量和排粪量如对群饲或放牧的家畜,尤其是在收集全部粪便较困难的情况下,采用指示剂法更具优越性。

(二)指示剂的要求和种类

指示剂法的前提是:在试验期内,饲料中的某稳定物质的总食入量必须在规定时间内100%从粪中收回。因此,选择合乎要求的指示剂是保证试验结果可靠性的关键。用作指示剂的稳定物质应当具备:①进入猪消化道后完全不可分解,不消化吸收,最终无损地随粪排出;②在饲料和粪样品中指示剂的含量必须具有高度的均匀性与代表性;③对猪无毒无害,而且容易准确测定。

指示剂根据其来源可分为外源指示剂和内源指示剂两大类。

1. 外源指示剂　即人为掺入饲粮中的指示物质,如 Cr_2O_3,Fe_2O_3,$BaCO_3$,Ti_2O_3,聚乙烯二醇(polyethyleneglycol,PEG)和长链烷烃等。外源指示剂的缺点是很难找到回收率理想的指示剂物质,而且食入含有指示剂的饲粮后,指示剂与食糜会经常发生分离。研究表明,Cr_2O_3 回收率较高,可达98%。因此,Cr_2O_3 是最常用的外源指示剂法。外源指示剂法的添加量一般为0.2%~1%,如添加量太少,难以准确测定,对回收率影响较大,但添加量太多又可能影响动物对养分的消化。此外,食入 Cr_2O_3 浓度较大的饲粮会导致加大粪中 Cr_2O_3 的含量。由于 Cr_2O_3 测定法多用对二苯碳酰二肼(diphenyl carbazide,DPC)比色法,Cr_2O_3 含量过浓必然需要加大样品消化液的稀释倍数。稀释倍数的加大可导致放大分析误差。因此,在用 Cr_2O_3 为指示剂时须从整体着想,在最小误差范围内进行试验设计。

2. *内源指示剂* 内源指示剂是指用饲粮或饲料自身所含有的不可消化、吸收的物质作指示剂，如酸不溶灰分(acid insoluble ash，AIA)、二氧化硅、木质素等。内源指示剂一般采用 2 mol・L^{-1} 或 4 mol・L^{-1} 的盐酸不溶的灰分，故又称盐酸不溶灰分法。内源指示剂法的优点是指示物质均匀自然存在于饲料中，可减少由于混匀度问题造成的误差。但在使用内源指示剂时应避免外来污染，如粪的收集绝不可污染有不溶灰分的沙粒等杂质。

(三)试验方法与步骤

指示剂法除不需统计采食量与排粪量外，其他原则和方法与全收粪法相同。

1. *外源指示剂法(Cr_2O_3 法)* 精确掌握实际喂给饲料和排出粪中的 Cr_2O_3 量是获得准确的消化实验结果的关键。为此，应重视试验饲粮的准备和粪样的采集。

(1)Cr_2O_3 的制备：将化学纯 Cr_2O_3 通过 100 目钢筛筛到大搪瓷盘上，充分搅拌后立即用精密天平(感量 0.000 1 g)称取适量(按每 1 kg 食入风干混合饲粮中掺 5 g Cr_2O_3 的比例)，用硫酸纸包妥备用，并测定其纯度。

(2)饲料的准备：分析被测饲料(饲粮)的含铬量，确定外源 Cr_2O_3 的实际添加量，使最终喂给试验动物的饲粮中 Cr_2O_3 含量为 0.5%，从预饲期就开始饲喂这种含铬饲粮，让试验动物有个适应过程。在饲料中掺入 Cr_2O_3 的方法有 2 种：①将已知质量和纯度的 Cr_2O_3 与已知干物质含量的混合日粮先经过预混合。预混合的办法是先将筛过的 Cr_2O_3 与少量混合日粮预混，分四级逐步扩大增加混合日粮的数量，直到每 1 kg 混合日粮干物质含有 5 g Cr_2O_3。一定要坚持先少量预混后逐级放大的原则，直至与所有的饲料混合均匀。拌和过程中不允许发生 Cr_2O_3 的沾污损失，全部拌料的操作均应在大的白搪瓷盘中进行，混合盆及用具上不应留有任何 Cr_2O_3 痕迹。切忌用饲料搅拌机或用铁锹在水泥地上掺和。用四分法取得供分析用的饲料样品，按常规法制样并将样品瓶置冷暗处保存。②事先计划妥当 Cr_2O_3 的用量，在试验前一次全部称妥，分别用硫酸纸按每头试畜每日所需量包成小包，所有试验猪的日粮也同样地一次全部称妥分装，临饲喂前将称妥的日粮与 Cr_2O_3 先在铝制桶内充分拌匀，再加水搅拌后用适量水冲洗搅拌用具。从试验开始到结束猪食桶不应清洗，严防 Cr_2O_3 附着桶壁或丢失。

(3)Cr_2O_3 粪样的采集与制备：由于 Cr_2O_3 在动物粪中并非均质状态，采样时至少要收集 3 d 总排粪量的 35%，每天定时随机抽取鲜粪样品，日取 3 次，置冰箱中(或加入 10 mL 的 10%硫酸或盐酸，以防氨氮损失)。然后将 3 d 取得的鲜粪样品以动物为单位集中在一起拌和均匀，再用四分法按以下 2 种用途分样：①供鲜粪定氮用样品 2 份，每份 2～3 g；②其余鲜粪经初水分测定后制成风干样，供干物质、Cr_2O_3 和其他成分测定用。制备风干粪样时应用密封式样品粉碎机，严防 Cr_2O_3 飞失。供分析 Cr_2O_3 含量的粪样要求全部通过 100 目，样品量不少于 1.0 g。

(4)样品中 Cr_2O_3 的分析测定方法：可用二苯碳酰二肼(diphenyl carbazide，DPC)作显色剂的分光光度法或原子吸收光度法。

2. *内源指示剂法(酸不溶灰分法，简称 AIA 法)* 本法在许多方面与外源指示剂法一致。只是在试验开始时，不需在饲粮中添加和混匀指示剂，只要试验动物对新的饲粮和饲养环境适应后即可进行正式的消化试验。因而更加简化了试验过程中的操作步骤。

(1)饲料的制备与采样：精料型饲粮直接采用全收粪法中饲料的制备与采样方法即可。

如果要测定含青、粗、精料型饲粮的消化率，则应确保每头试验猪每日食入的青、粗、精料干物质的比例不变。为此，应在试验前一次备足整个试验期所需各种饲料的数量，按每日每次用量分别称出、装袋、编号备用，青料应装入塑料袋置冰箱中保存。每次临饲前将青、粗、精料各取一袋充分混匀后饲喂。切忌先喂青粗料后喂精料。饲料样品应在分装饲料时用四分法分别取出，并按每次各种料的用量比例配合混匀立即测定初水分，然后按常规法制成风干样品储存于样品瓶中供测干物质、内源指示剂及各种养分用。

(2)粪样的采集与制备：基本上与外源指示剂法相同，只是本法尤其适用于日取粪 3 次，连取 3 d 的集粪样方法。

(3)样品中酸不溶灰分的分析测定：内源指示剂——酸不溶灰分的测定有 2 种方法，即 4 $mol \cdot L^{-1}$ 盐酸不溶灰分法(简称 4N-AIA 法)与 2 $mol \cdot L^{-1}$ 盐酸不溶灰分法(简称 2N-AIA 法)。其中 2N-AIA 在饲料与粪中的含量均较 4N-AIA 多，有利于提高试验结果的准确性。但 2N-AIA 法中样品经盐酸处理后的残渣较多，过滤洗涤时比较烦琐。因此，可根据条件及试验精度任选。此处介绍 2N-AIA 的测定方法：在已知质量(W_c)的瓷质坩埚中准确称取 5 g(称准至 0.000 1 g)风干样品入 100～105℃烘箱烘至恒重，得坩埚与绝干样重($W_e=W_c+W_s$)。然后将盛样品的坩埚放在电热板上，用小火慢慢炭化(坩埚盖微开)。待坩埚中样品炭化至无烟后移入茂福炉中于 450℃下灼烧 6 h(至样品全呈白色时为止)。冷却后把坩埚中的灰分用 100 mL 2 $mol \cdot L^{-1}$ 盐酸溶液溶解，无损地转移至 600 mL 直筒平口玻杯中。杯口安装球形回流式冷凝器，在电热板上加热煮沸 5 min，注意盐酸溶液的体积不能减少。煮沸结束后即用定量滤纸趁热过滤，用热蒸馏水反复冲洗滤纸与其中的灰分，直至滤纸呈中性(使蓝色石蕊试纸不变色)。将滤纸和灰分放回原坩埚，烘去水分，小心炭化至无烟，置茂福炉中在 450℃下灼烧至恒重，得坩埚与 2N-AIA 重(W_f)。按下式计算 2N-AIA 的百分含量：

$$\text{绝干样品中 2N-AIA 含量}=\frac{W_f-W_c}{W_e-W_c}\times 100\%$$

(4)说明

①由于拌和技术及动物采食、消化饲料方面的原因，加入外源指示剂的比例不宜过高，故外源指示剂法不宜用于直接测定单个饲料养分的消化率，只能相对准确地测出整个饲粮的能量、干物质与有机物的消化率。对含量低的粗蛋白质、粗纤维、无氮浸出物，特别是粗脂肪的消化率则很难测准。

②内源指示剂法是目前通过饲喂动物测定饲粮养分消化率方法中最简便的一种。但至今从关于 AIA 回收率的试验报道看，尚未见有 100%的理想结果。实际中饲料和粪中 AIA 的含量与饲料类型关系较密切。纯精料型日粮及猪粪干物质中的 AIA 含量较低，青粗精混合型日粮及猪粪干物质中的 AIA 含量较高。随着饲粮(日粮)中 AIA 含量的提高，粪中 AIA 的回收率也在增加，测定结果也就较理想。而且 AIA 含量高，在饲料中的分别比较均匀，此时用 AIA 法比 Cr_2O_3 法更为有利。

(四)回肠末端取样法

肛门收粪法测定饲料养分消化率虽简单易行，但是由于大肠微生物的降解和合成作用，降低了该分析法的准确性，而用回肠末端取样，可排除大肠微生物的干扰，大量研究证明，此法比肛门收粪法准确，目前在很多国家已用于猪饲料氨基酸消化率的测定。其公式如下：

$$\text{回肠末端氨基酸消化率}=\frac{I-D}{I}\times 100\%$$

式中：I 为某一氨基酸的摄入量；D 为回肠食糜中该氨基酸排出量。

以上概念即是回肠末端氨基酸表观消化率，若扣除内源氨基酸量则称为回肠末端氨基酸真消化率。它更能准确地反映猪对饲料氨基酸的消化和吸收程度。内源氨基酸主要来自猪消化道脱落细胞、分泌的黏液、消化酶、微生物等。目前，用于估测内源氨基酸的方法主要有无氮日粮法、截距法、胍基化蛋白法、酶解酪蛋白超滤法、同位素法、差量法等。

回肠末端取样法根据其特点可分为以下几种：屠宰法（the slaughter technique）、瘘管法（the cannulation technique）、回-直肠吻合术（the ileo-rectal anastomosis technique，IRA）等。

1. *屠宰法* 此法因其简单易行至今仍在应用。屠宰法即回肠末端食糜直接收集法，一般选用 Cr_2O_3 为指示剂，按 0.5% Cr_2O_3 比例均匀混入待测饲料或饲粮中，根据试验设计要求，在饲喂一定时间（5～7 d）后，将猪"屠宰"，并从距回盲瓣前一定距离处取样。其优点是饲粮种类不受限制，试验期短，工作量小，采样前对动物消化道干扰少，可以多点取样。主要缺点是取得的样品数量少，样本的代表性差。

2. *瘘管法* 即在回肠末端安装套管以收集食糜进行测定。根据套管的多少和所植入位置的不同，瘘管法又可分以下几种类型。

（1）T-型瘘管法：即在回肠末端植入一根 T-型套管，属于原位法。根据套管的位置和各自的特点，该法又可细分为简单 T-型瘘管法（图 14-2）、瓣后 T-型瘘管法（套管置于回-盲瓣之后）和回-盲瓣可操纵的 T-型瘘管法（通过 2 个环使得回-盲瓣可以操纵，收粪时将回-盲瓣拉到套管内即可，见图 14-3）。前两者属部分取样法，必须使用指示剂；后者可实现定量取样，不需使用指示剂。三者手术操作难度依次增加，但测值的可靠性也依次增加。

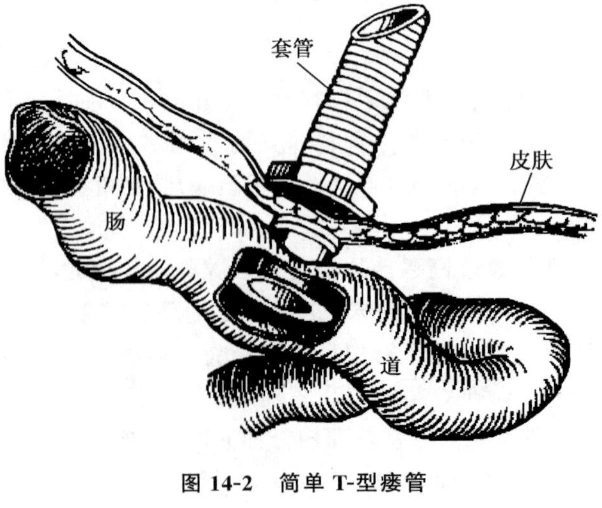

图 14-2 简单 T-型瘘管

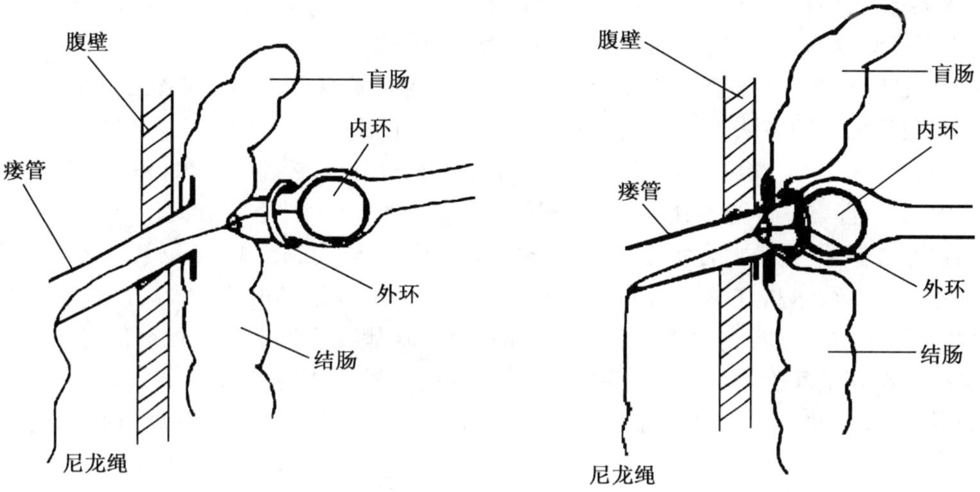

(a)不收食糜状态　　(b)收集食糜状态

图 14-3　回-盲瓣可操纵的 T-型瘘管法示意图

(2)桥型瘘管法：该法属于全收法，是在肠道 2 个不同部位各植 1 个 T-型套管，然后用一桥型管将两者联为一体。取样时只要将其桥型连接管拿开，就可以从近端套管收集其全部食糜。取样后的剩余食糜经加温后可从远端套管送回猪体内，以保持动物体内的正常生理代谢。操作方便且样本代表性好，可以不使用指示剂。根据近端套管的位置不同，桥型瘘管又可分为瓣后桥型瘘管法（第一根套管位于回-盲瓣之后）和瓣前桥型瘘管法（第一根套管位于回-盲瓣之前），根据第二根套管所在肠道位置的不同，后者又可分为回-回桥型瘘管法、回-盲桥型瘘管法（图 14-4）、回-结桥型瘘管法。瓣前桥型瘘管法由于横断小肠对猪的正常消化有一定的影响。

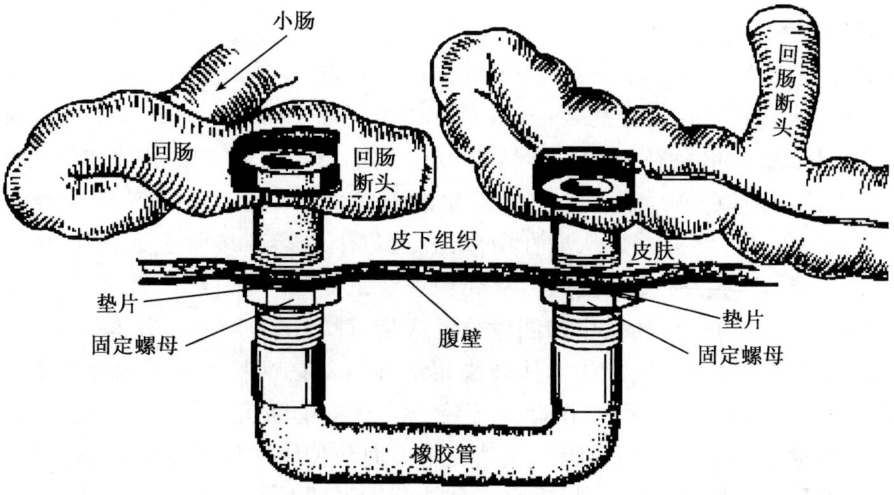

图 14-4　桥型瘘管回-盲末端取样示意图

瘘管法在猪饲料氨基酸生物学效价评定上应用较多，但因套管堵塞和渗漏等现象的发生，无法用于测定高纤维日粮，而且有使用寿命短等缺点。

3. 回-直肠吻合术　即通过外科手术，将回肠末端和直肠相吻合，从肛门直接收集食糜，测定氨基酸消化率的方法。根据吻合部位的不同和术后回-盲瓣的有无，可将其分为4种：瓣前端端吻合术、瓣前端侧吻合术、瓣后端端吻合术和瓣后端侧吻合术（图14-5）。其中前两者手术后回-盲瓣不再起作用。研究表明，瓣前端端吻合术是评定猪饲料氨基酸生物学效价的适宜方法。回-直肠吻合术手术及试验操作简便，取样代表性好，不必使用指示剂，可以测定各种饲料。荷术猪（host animal）的消化生理在手术后相当长的一段时间内保持相对稳定，食糜中微生物氮的含量保持在一个较低的水平，氨基酸消化率测值相对稳定，变异较小，是评定猪饲料氨基酸生物学效价方法中简单可行的一种。不足之处在于：由于游离了盲肠和结肠，使得荷术猪的正常生理状况受到影响，能量、氮、水、电解质代谢均有不同程度的改变。

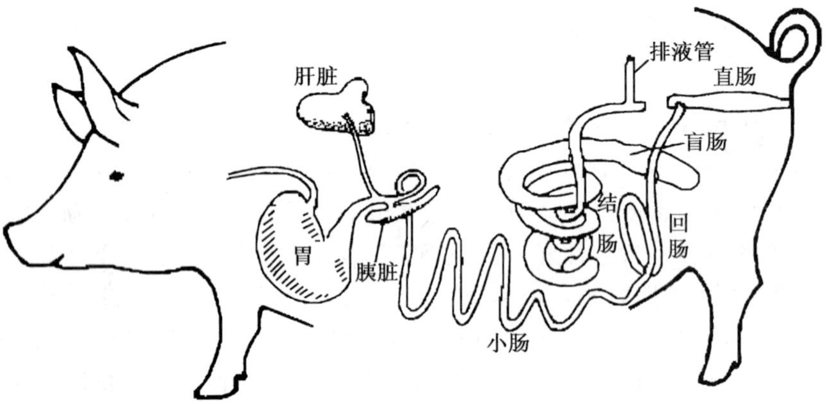

图14-5　回-直肠吻合术（猪）示意图

（五）活动尼龙袋技术

活动尼龙袋技术（mobile nylon bag technique，MNBT）是由Sauer等人于1983年建立的。其操作程序为：用网孔孔径为48 mm的单纤丝尼龙制成25 mm×40 mm的小袋，将1 g粉碎粒度为1.0 mm的待测饲料样品装入尼龙袋，置于盛有500 mL 0.01 mol·L^{-1}盐酸和胃蛋白酶溶液的烧杯中，将烧杯于37℃水浴振荡2.5 h，溶液pH值为2.0，胃蛋白酶含量为377.4 IU·L^{-1}。将尼龙袋从烧杯中取出，通过十二指肠瘘管引入体重为40 kg左右的健康猪体内，待尼龙袋通过消化道后从粪中回收尼龙袋，用干纸巾轻轻揩去袋子表面粪便，冷冻干燥，测定袋内剩余物质中待测养分的含量，计算待测饲料养分消化率。

活动尼龙袋技术是通过体内法和体外法相结合测定猪饲料养分消化率的新方法，具有速度快、所需样品小、费用低、可操作性强等特点。目前的研究已表明，它在估测饲料干物质、能量及除混合饲料外其他饲料蛋白质消化率方面与传统法所得结果相当一致。与回-直肠吻合术和回肠末端瘘管法相结合，也是一种估测饲料回肠氨基酸消化率的方法，但是有许多因素影响其准确性，如体外消化的pH值、胃蛋白酶浓度和消化时间以及待测饲料粉碎粒度、尼龙布网孔孔径及尼龙袋大小都显著影响蛋白质表观消化率的测定。

思考题

1.测定饲料的消化率一般有哪些方法?

2.有哪些方法收集动物的全部粪便?收集的鲜粪应如何处理?

3.论述指示剂法测定饲料养分消化率的原理和方法。

4.用做消化实验的指示剂要符合哪些条件?

5.单一饲料的消化率如何测定?

6.回肠末端取样法有哪些?

7.简述活动尼龙袋技术的操作程序和用途。

实验十五 饲料中某养分代谢率的测定

代谢试验是测定饲料代谢能及研究各种营养物质新陈代谢及其平衡规律的重要手段。通过代谢试验可测定饲料代谢能、营养物质代谢率(或存留率)。代谢试验测定的营养物质代谢率，主要是指能量代谢率、氮的代谢率(蛋白质代谢率或称存留率)以及某些矿物营养元素(钙、磷等)的代谢率。因为在饲料中的某些营养物质(如粗纤维、脂肪、无氮浸出物以及氨基酸)在正常情况下不能以原形由尿排出，故通过代谢试验表达的代谢率(或利用率)没有意义。而由于有些矿物元素在体内代谢中的循环利用的影响，B族维生素受肠道微生物合成的干扰，代谢试验一般难以准确测定。

家禽粪尿均由泄殖腔排出，故对于家禽进行代谢实验比消化实验更简便。禽类的代谢试验除常规全收法外，根据其系统发育形成的特点(如有嗉囊、消化道短、排空快)，常采用排空强饲法进行。

一、常规全收法测定家禽饲料(或饲粮)的代谢能

(一)原理

家禽生命活动过程的代谢产物除体热和气体、微量分泌物、表皮脱落物外，其余部分通过粪尿排出。由于其粪尿一起经泄殖腔排出，家禽的粪尿统称为家禽的排泄物。除非特殊需要(如测定消化率)一般不做人工肛门进行粪、尿分离，而是直接收集粪尿混合排泄物。此外，为防止羽毛、皮屑等对排泄物的污染，也有用穿衣法及在泄殖腔口黏合或缝合集粪瓶等方法来进行全收粪尿的试验。

代谢能指饲料总能减去粪能、尿能及消化道可燃烧气体的能量后剩余的能量。消化道气体能来自动物消化道微生物发酵产生的气体，主要是甲烷。家禽的盲肠虽然也有微生物发酵，但产生的气体较少，通常可以忽略不计。故家禽的饲料代谢能可按下式计算：

$$饲料代谢能=\frac{食入饲料总能-排泄物总能}{饲料干物质采食量}$$

如前所述，粪能有饲料来源与非饲料来源之分。同样，尿能中也有非饲料来源的内源能。故上所述，代谢能指表观代谢能(apparent metabolizable energy，AME)，对内源性产物进行扣除校正后，则称真代谢能(true metabolizable energy，TME)。

家禽体内蛋白质代谢的主要产物——尿酸仍含有能量。1 g饲料氮在体内约产生3 g尿酸(约为34.4 kJ)。由于食入饲料中所含蛋白质水平不同以及在试验期间氮平衡状况不同，则其能量损失不同。为便于比较不同饲料的代谢能值，应消除氮沉积量对代谢能值的影响，即根据氮沉积量对代谢能进行校正，使其成为氮沉积为零时的代谢能，称之为氮校正代谢能(nitrogen corrected metabolizable energy，ME_n)。如以表观代谢能为基础经氮沉积校正后的代谢能，称为氮校正表观代谢能(AME_n)；如以真代谢能为基础经氮沉积校正后的代

谢能，称为氮校正真代谢能（TME_n）。氮校正代谢能公式为：

$$ME_n = GE - EE - RN \times 34.4$$

式中：ME_n 为饲料的氮校正代谢能（$kJ \cdot g^{-1}$）；GE 为饲料的总能（$kJ \cdot g^{-1}$）；EE 为每食入 1 g 饲料干物质所产生的排泄物能（$kJ \cdot g^{-1}$）；RN（total nitrogen retained）为每食入 1 g 饲料干物质所沉积的氮量(g)，可为正值、负值或零，计算时将符号代入。34.4 $kJ \cdot g^{-1}$ 为每克沉积氮应校正的能量。测定氮校正表观代谢能时，RN 的计算公式如下：

$$RN = \frac{\text{食入饲料氮量} - \text{对应的排泄物氮量}}{\text{食入饲料氮量}}$$

测定氮校正真代谢能时，RN 的计算公式如下：

$$RN = \frac{\text{食入饲料氮量} - \text{对应的排泄物氮量} + \text{内源排泄物氮量}}{\text{食入饲料氮量}}$$

（二）仪器设备

(1)普通天平：载量 500 g，感量 0.01 g；

(2)分析天平：感量 0.000 1 g；

(3)台秤：5 kg，感量 5 g；

(4)热量计：绝热式，GR3500 型；

(5)烘箱：60～105℃，温度可调控；

(6)冰箱：家用，160 L；

(7)培养皿：直径为 12 cm；

(8)代谢试验笼：60 cm×45 cm×50 cm，带食盘、饮水杯和活动集粪盘；

(9)塑料食品袋：250 g 装；

(10)刮刀：漆工用；

(11)镊子；

(12)洗耳球；

(13)样品瓶：250 g 装；

(14)样品粉碎机；

(15)来苏儿；

(16)10％盐酸溶液或 10％酒石酸溶液。

（三）试验方法步骤

1. 试禽的选择与饲养管理　家禽饲料的代谢能一般用鸡来做。试验用鸡必须健康、营养状况良好，品种、年龄、性别一致，体重相近，并已按免疫程序进行了正常免疫接种。每种饲料至少要有 5 只鸡参与有效测定，如用小鸡来进行饲料代谢能的测定，可用淘汰的鉴别公雏。于 2 周龄时开始试验，5～10 只为一组，养于一只代谢试验笼内，作为一个测定单元。若选用大鸡，则不论公母均每笼一只。开始选择试验鸡的数量应足够多，以备在预饲期中淘汰后备用。

代谢试验鸡笼（图 15-1）内应配有盛水器皿，以便在试验期随时给试验鸡供应饮水。喂料装置与其他饲养管理措施则按试验设计要求执行。

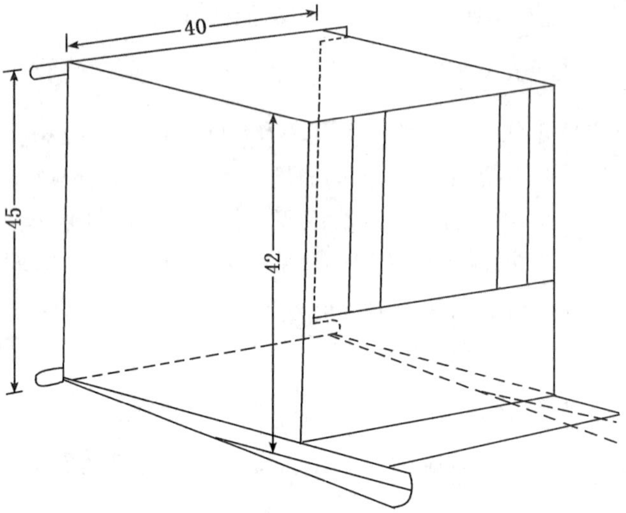

图 15-1 鸡代谢试验笼(单位:cm)

2. 试验饲粮的准备 与消化试验一样,试前应按配方要求和试验鸡的采食量一次备足试验期间所需的各种饲料。切忌在试验中途更换饲料品种。将准备好的饲料按制定的配方进行配制并制成颗粒,这样可防止在饲喂过程中发生饲料的抛撒损失及对排泄物的污染。

3. 试验鸡的驯养与预饲 将选好的试验鸡饲养在代谢试验笼内,逐渐加喂准备好的试验期饲粮,让试验鸡有一个适应新的饲料和新的饲养管理条件的过程。此外,要观察检查饲喂设备是否撒料,并及时调整;要摸清试验鸡采食和排粪尿规律,确定每日排泄物收集分界点、日喂饲次数与每次喂料量。按每次的喂料量将试验期所需饲粮分别称出装袋、编号备用,同时按常规法取得被测饲粮样品粉碎过 40 目筛,装入样品瓶备测干物质含量和能值。由于试验鸡的消化道较短,食入的饲料残渣在 24 h 内即可排净;另外,鸡适应新饲料约需 48 h。因此,试验鸡的驯养预饲期至少要有 3 d 的时间。预饲期结束之间,淘汰不易调教及采食不规律的鸡,每个饲料留足 5 个测定单元即可进入正式期。

4. 正式期及排泄物的收集处理 正式期一般为 4 d。在此期间,每天均要定时定量饲料,饮水不断。按试验设计规定的次数和要求收集处理每天的排泄物,具体操作如下:

供试验鸡于正式期天始前一天 18 时停料停水。试验开始的第一天早晨 6 时,称取试验鸡空腹体重。称重后,立即在代谢笼上安上活动集粪盘(镀锌白铁皮、搪瓷盘或塑料薄膜等均可),以备收集排泄物。随即喂料喂水。试验期间每天加料加水各 4 次(分别在 7 时、10 时、14 时、18 时),并精确记录每只鸡每日的实际采食量。采食量等于给料量减余料量再减撒料量。正式期第四天 18 时喂料后待试验鸡停止采食,即取下饲槽和水槽,停食停水。

排泄物的收集次数与时间:正式期第一天 16 时收集第一次排泄物,以后每天收集 2 次(分别在 6 时和 16 时)。试验开始后的第五天早晨 6 时收集最后一次排泄物。随后再称取试验鸡的空腹重。至此,代谢试验的饲喂、收集排泄物工作即告结束。

排泄物的收集处理方法:以笼为单位,在每次收集排泄物时,先清理掉排泄物上的鸡毛皮屑和饲料(用镊子和吸耳球吹)。对清理掉的饲料要计量,以便从每日喂料量中扣除。而后用刮刀无损地将全部排泄物刮入已知重量的同一铝盒或带盖搪瓷盘中,加入数滴甲苯,以防排泄物变质。随后将排泄物放入 0～4℃冰箱中保存。夏季应于每天的中午用注射器喷洒 10%的盐酸溶液于排泄物上，以使固定排泄物中的氨。待正式期 4 d 的排泄物全部收完后，先称取排泄物的总量，后铺平放入 65～70℃的烘箱中烘干测定初水分。用粉碎机粉碎过 40 目筛并充分混匀后装入样品瓶供吸附水和能值测定用。

(四)说明

1. 常规法　适合于测定子鸡、成年鸡、产蛋鸡饲料的代谢能值，但采用这种方法时鸡的采食量不易准确计量，并且在任食情况下鸡对饲料的摄入有选择性，适口性差的饲料采食量低，而且不稳定，会影响饲料代谢能值的测定结果，所以对于适口性较差的饲料采用常规法测定时多将待测饲料顶替一定比例的基础料来测定其代谢能值。采用常规法测定饲料代谢能值时，试验鸡的采食量较大，对应的食入能和排泄物能的量也较大，内源排泄物能在总的排泄物能中所占的比例较小，并且这种方法对试验鸡造成的应激小，鸡对待测饲料的消化利用情况也较为稳定，故测得的 AME 值与 TME 值接近，并且测定值变化较小。

2. 单个饲料表观代谢能的测定　为了测定单个饲料的表观代谢能，在常规法中必须进行 2 次代谢试验，最后应用套算法才能算出饲粮中某个饲料的表观代谢能。实际中常采用分组试验法：即将试验鸡按相同与相似的原则分成 2 组，一组用于测定基础饲粮的 AME，另一组测定由适当比例待测饲料取代基础饲粮后组成混合饲粮的 AME。基础饲粮和混合饲粮的各项营养指标应尽可能一致。待测饲料取代基础饲粮的比例（按干物质计）以 20%～30%为宜。其余的试验步骤与操作方法和常规法相同。

3. 关于收集排泄物方法的选择　完全的收排泄物是代谢试验测定的关键。常见的收集排泄物方法有 2 种。

(1)集粪板收粪法：通过放在代谢笼下的金属板或塑料板收集排泄物。该法操作方便、对试验禽应激小，但存在难以完全收集排泄物、排泄物易被羽毛和皮屑污染的缺点。为了减少羽毛、皮屑的影响，可给试验动物穿上特制的衣服，衣服可以设计为只留头、脚和臀部在外面，身体裹在里面的半封闭形状。衣服松紧要适当，以免造成不必要的应激。

(2)集粪瓶收粪法：形似婴儿奶瓶，盖缝合在试禽的肛门上，瓶子部分(或塑料袋)作为收集器械，试验时拧合，过渡期取下。这一装置克服了粪板的缺点，但存在着盖易被磨掉、对试禽应激大的缺点。

4. 指示剂法　为了避免试验期间各种外来物对鸡排泄物的污染，减少收集排泄物的工作量，也可采用类似猪消化试验中的指示剂法来进行鸡饲料表观代谢能的测定。同样可分外源指示剂法和内源指示剂法。具体的试验方法步骤和注意事项与消化试验中的指示剂法基本相同。试验期的划分和天数则与鸡饲料表观代谢能测定的常规法相同。结果的计算方法为：

$$\text{饲粮表观代谢能}=\text{饲粮能值}-\frac{\text{饲粮干物质中指示剂含量}}{\text{排泄物干物质中指示剂含量}}\times\text{排泄物能值}$$

二、排空强饲法测定家禽饲料真代谢能(TME)或氨基酸真代谢率

(一)方法原理

家禽嗉囊、消化道短，排空快，粪、尿均由泄殖腔混排，故内源排泄物测定较易实现。加

拿大的 I. R. Sibbald 在 1976 年提出了家禽饲料真代谢能的测定方案(称 TME 法)。其基本方法是用成年白莱航公鸡作为试验动物,通过插入嗉囊的长管强饲一定量的待测饲料。另组鸡则不喂。测定前 2 组鸡都要同样饥饿 24～32 h,以使消化道排空。然后分别喂料(40～50 g)或绝食。喂料后开始计时,并收集排泄物。当恰满 24～32 h 时,试验结束。收集排泄物始末要称试验鸡体重作为参考。然后,按下述公式即可计算出饲料的真代谢能。

$$\text{TME}=\frac{(GE\times X)-(Y_1-Y_2)}{X}$$

式中:TME 为饲料真代谢能,kJ·g^{-1};GE 为饲料总能值,kJ·g^{-1};X 为强饲饲料量,g;Y_1 为强饲试验鸡的排泄物总能,kJ;Y_2 为绝食试验鸡的排泄物总能(kJ)。

Sibbald 提出的真代谢能法(TME 法)有 3 个基本假设:①由排泄物排出的能量是食入能量的线性函数;②代谢粪能,如消化道分泌物及肠黏膜脱落的细胞和内源尿能的损失量不受食入饲料的性质和数量的影响;③当食入量为零时,回归直线 Y 轴的截距与由同一试验用同体重的绝食试验鸡测得的内源排泄物能值相似。而澳大利亚的 D. J. Farrell 以及美国一些学者则对此持批判态度,其论点是:①不同饥饿期间试验公鸡之间的内源性排泄物量有着相当大的差异;②饲粮组成对内源能排泄量有影响,如饲料中的中性洗涤纤维含量(NDF)与内源排泄物能值(Y)的关系是 $Y=8.5+0.83\text{NDF}(r=0.78)$;③内源排泄物能值还受其他种种因素,如环境温度、饥饿、鸡的预处理条件等的影响。Farrell 还提出了以训练迅速采食为主要手段的代谢能快速测定法(诱饲法):与 TME 法操作过程基本一致,只是给料方法不同,预饲期进行禁食-诱饲训练,使试禽在 1 h 内食尽规定的饲料量。这一方法试图避免强饲应激,但该法对适口性差的饲料很难达到规定的采食量。两者的立论虽然不同,但所提方案的共同缺点是,都没有解决如何确切排除内源性排泄物的能量对代谢能测值的干扰问题。以动物为测试手段所产生的个体间的测值差异应该是绝对的。不可能有 2 个或 2 个以上的个体或同一个体在不同测试期的内源性排泄物量完全一致。为此对生物学方法的测值只能争取在一定约束条件下的相对精确。我国在总结真代谢能法和诱饲法正反两方面经验的基础上提出了排空强饲法。

Sibbald(1987)将他提出的测禽类饲料真代谢能的方法移植于可利用氨基酸的测定,并将其测定结果定义为真可利用氨基酸(true available amino acid,TAAA),由于禽类粪与尿均由泄殖腔排出;而且在正常情况下尿中所含氨基酸的量很少,其含氮量不到整个尿氮的 2%,故可忽略不计。因此采用代谢试验实际测得的是饲料可消化氨基酸,与可利用氨基酸属同义语。以此法测定鱼粉、羽毛粉等高蛋白质饲料时仍需辅以无氮饲粮。无氮饲粮主要由纯淀粉、葡萄糖、油脂、纯纤维素、矿物质、微量元素、维生素添加剂等组成。设计原则是要求基本满足试验动物的营养需要,但不得含有任何形式的含氮物质。计算公式如下:

$$\text{氨基酸真代谢率}=\frac{\text{食入氨基酸}-(\text{实验组排泄物氨基酸}-\text{对照组排泄物氨基酸})}{\text{食入氨基酸}}\times 100\%$$

或

$$\text{氨基酸真可消化率}=\frac{\text{食入氨基酸}-(\text{排泄物中氨基酸}-\text{内源性氨基酸})}{\text{食入氨基酸}}\times 100\%$$

为了排除禽类盲肠中微生物对氨基酸的可利用率测定的干扰，有学者建议用摘除盲肠的鸡(图 15-2)作为试验动物，但并未见有试验证明去盲肠的试验鸡，比不去盲肠的正常鸡更符合客观实际情况的报道。为此，加拿大、澳大利亚、日本以及中国的许多学者仍主张用不去盲肠的健康鸡作为试验动物。鉴于摘除盲肠弊大于利，中国“八五”攻关专题《饲料生物学评定技术》编辑委员会(1996)制定了测定鸡饲料真可消化氨基酸的技术规程，并将其可消化氨基酸视为鸡饲料的真可利用氨基酸。规定用不摘除盲肠的试验鸡，其中每个测定 4 个重复，每个重复需 4 只鸡，排空期通过饮水供给一定量葡萄糖，测定内源氨基酸组鸡强饲无氮饲粮。

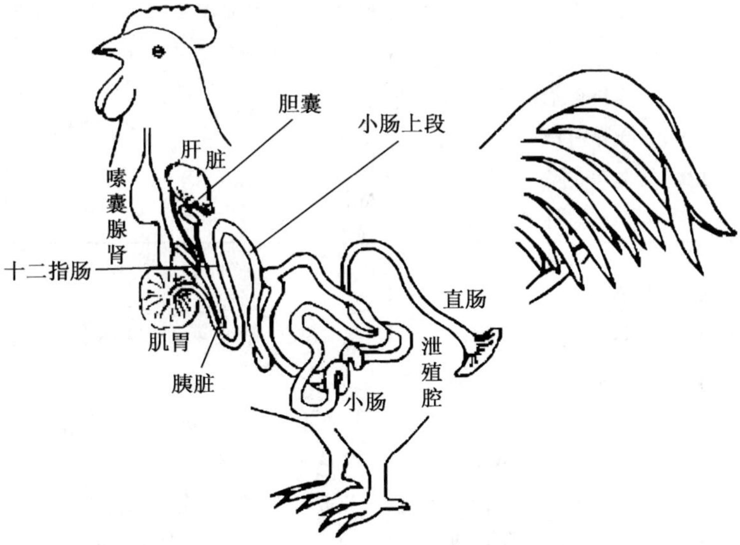

图 15-2 去盲肠鸡示意图

(二)仪器设备及药品试剂

与饲料表观代谢能测定的常规法相同。

(三)方法步骤

1. 试验鸡的选择、编号、分组

(1)选用体重 1.8 kg 以上，体重相近、采食正常、强饲后无异常反应、无怪癖的健康公鸡为试验鸡。

(2)排泄物收集瓶的缝合手术：在代谢试验开始前 1 周，于排泄腔口外围处缝合 60 mL 塑料瓶盖，瓶盖面中央挖一圆孔及对称的 4 对小孔，以便粪尿通过及缝盒固定瓶盖用。在收集排泄物期间，拧上收集排泄物的塑料瓶，其他时间取下收集瓶。以集粪板直接收集排泄物时不进行上述处理。

(3)连续 2 次测定期间，应设置 10～14 d 的恢复期。

(4)试验鸡只数：每测一种饲料需设置 4 个重复组，每个重复组至少 4 只鸡。

2. 饲养管理方式

(1)鸡舍：全封闭式或半开放式鸡舍；

(2)在带集粪盘的代谢笼内个体饲养,适应后供试验用;

(3)室温:15～27℃;

(4)光照:光照强度 20 lx,自然光照或人工光照,每日光照时间为 16 h;

(5)在非试验期,限制饲喂生长蛋鸡全价配合饲料;

(6)自由饮水、禁食沙石。

3. 试验进程 试验分预饲期、正式期(禁食排空、强饲、粪尿收集)及体况恢复期三阶段,其进程表见表 15-1。

表 15-1 排空强饲法测定家禽饲料真代谢能或氨基酸真消化率测试过程

过程	预试期	禁食排空期	强饲或诱饲	排泄物收集期	恢复期
时间	3 d以上	48 h	按个体准确计时	48 h	10～14 d
待测饲料组	喂生长蛋鸡全价配合饲料,最后一次喂待测饲料	自由饮水	待测饲料	自由饮水	同预试期
对照组	喂生长蛋鸡全价配合饲料,最后一次喂待测饲料	自由饮水	禁食	自由饮水	同预试期

4. 被测饲料测定程序

(1)禁食:准确记录禁食排空开始时间,禁食 48 h,禁食期间自由饮水(测定氨基酸真消化率时,也可通过饮水每鸡每日补充葡萄糖 50 g)。

(2)强饲:禁食结束后,每只鸡准确强饲 40～50 g 风干被测饲料并及时按个体记录时间,粗纤维含量高及羽毛粉等低容重的饲料可酌减,以不呕吐为度。

(3)排泄物的收集与处理:强饲后立即装好"集粪瓶",以重复组为单位收集 48 h 的排泄物。其间,每日收集若干次,取出后立即保存于 4℃下,也可直接在 60～65℃下烘干至恒重,置室内回潮 24 h,称重、记录,作为每个重复组鸡的平均风干排泄物总量。粉碎,过 40 目筛(圆孔筛孔径 0.45 mm)。将每个重复组 4 只鸡的风干排泄物混合均匀,装瓶封存并立即取样,在 100～105℃下分析其干物质含量,用以计算每个重复组鸡的平均全干排泄物量。若不能同步进行总能或氨基酸分析时,于测定总能或氨基酸含量前须再次测定样品干物质含量,以便准确计算排泄物中氨基酸含量或总能。若以集粪板收集排泄物时,须仔细拣出羽毛、皮屑等杂物。

5. 内源性排泄物量的测定方法 如表 15-1 所示,即同步收集对照组在 48 h 期间的排泄物,作为校正用内源性排泄物的样品。这种方法被称为"平行对照法"。也可采用"自身对照法",即在被测饲料组收集 48 h 排泄物后接着再收集 48 h 的"内源排泄物"。若内源性氨基酸排泄量对照组的试验鸡,在禁食结束后,每只鸡强饲 50 g 无氮日粮,接着收集 48 h 的"内源排泄物"。

6. 强饲用饲料的配比与配合

(1)待测饲料:按照常规方法将待测饲料粉碎、混匀、备用。测定饲料氨基酸真消化率时,对粗蛋白质含量为 20%及 20%以上的浓缩饲料及蛋白质饲料原料,根据其蛋白质含量,混以适量玉米淀粉(含氮量×6.25<3%)。将日粮的粗蛋白质水平调整至 16%～18%,并按 15～20 周龄生长蛋鸡饲养标准推荐的需要量补充钙、磷、食盐等矿物质饲料,添加微量元

素预混料、维生素预混料。粗蛋白质含量低的饲料原料及全价配合饲料无须使用玉米淀粉。

(2)无氮日粮配方:由45.5%的玉米淀粉(含氮量×6.25<3%)、45.5%的蔗糖、5%的纤维素粉、4%的磷酸氢钙、微量元素预混料和维生素预混料组成。

(3)上述各种强饲饲料,分别以重复为单位按配方批量配合,然后根据重复组内的鸡只数一次性按需要等量称出若干份,同步测定干物质含量后备用。

7. 饲料及排泄物的分析(略)

8. 结果计算与统计分析

(1)分析结果小数点后保留位数:饲料及排泄物的总能值等,保留小数点后2位数;饲料的干物质、真代谢能值、氨基酸真消化率等,保留小数点后1位数。

(2)根据4个重复组鸡的真代谢能或氨基酸真消化率推算待测饲料代谢能或氨基酸真消化率的平均值及其相应的标准差。

(3)饲料真代谢能或氨基酸真消化率计算公式见原理部分。

(四)说明

(1)排空强饲法简易、快速,可以直接对单一饲料进行测定。但在测定过程中,饥饿排空、强饲等处理本已给试验鸡造成应激,若强饲的待测饲料又难于消化且毒副作用较大,则测定的结果与正常鸡采食配合饲料时的情况是否一致有待研究。

(2)成年公鸡的测定数值是否适用雏鸡、产蛋鸡尚不清楚。

(3)使用绝食公鸡来测定内源性排泄物量尚有争议。

思考题

1. 测定家禽饲料的代谢率一般有哪些方法?
2. 论述常规全收法测定家禽饲料(或饲粮)的代谢能的全过程。
3. 论述排空强饲法测定家禽饲料真代谢能(TME)或氨基酸真代谢率的全过程。
4. 有哪些方法收集家禽的全部排泄物?

实验十六 饲料中钙、磷的代谢试验

一、目的和要求

不同饲料中钙、磷的组成和性质不同，动物对其利用情况不同。非反刍动物利用无机和动物性来源的钙、磷比植物来源的钙、磷更有效，对植酸盐的利用较低。反刍动物对各种来源的钙、磷利用都有效。钙、磷与其他营养素和非营养物质之间的平衡也影响钙、磷的利用。为了解动物饲粮中钙或磷的吸收与平衡情况，为实际生产提供参考依据，必须进行饲料中钙、磷的平衡试验。

本试验要求学生了解和认识进行钙、磷代谢试验的作用和意义，掌握饲料钙、磷代谢实验的测定方法和操作过程。

二、基本原理

动物采食饲料，随饲料采食的钙进入肠吸收部位后，在具有类激素活性的维生素 D_3 刺激下，与蛋白质形成钙结合蛋白，经过异化扩散吸收进入细胞膜内，少量以螯合形式或游离形式吸收。磷以离子态为主在十二指肠被吸收。钙、磷的吸收主要决定于吸收时的溶解度，凡有利于溶解的因素，即有利于钙、磷的吸收。酸性环境、乳糖（可形成乳酸）、适量的脂肪、钙和磷的适宜比例、足量的维生素 D 均有助于钙、磷的溶解与吸收。

没有被吸收的钙、磷主要经过粪和尿 2 条途径排泄，而不同种类的动物经不同途径排泄的量不同。草食动物的磷主要经粪排泄，肉食动物则主要经尿排泄。正常情况下所有动物的钙均经粪排出。

动物消化吸收后的钙、磷在体内不断地进行着吸收和排出、沉积和分解，即进行周转代谢。周转代谢经消化道、肾脏、产品（蛋、奶）和皮肤排出的量是评定动物钙、磷需要的依据。动物体内的钙、磷不断地排入消化道，同时又不断地吸收利用。粪中钙磷来源有两方面：一是饲料中未消化的钙、磷；二是代谢产物，即已被吸收再由肠壁分泌出来的钙、磷，因此钙、磷的吸收率或消化率不能简单地按食入与粪排出的差数来计算。由于钙、磷的内源干扰较大，表观消化率不能充分说明问题，必须同时考虑粪和尿中钙、磷的排出，即分析钙、磷的吸收与平衡。理解和应用钙、磷在体内的动态平衡，对动物的饲养和生产有重要意义。

钙、磷代谢试验可用来表示动物体内的钙、磷平衡状况，表明动物机体是处于钙、磷的储存还是消耗状态。根据食入钙（或磷）、粪钙（或磷）和尿钙（或磷）来计算平衡状况。

食入饲料钙＝粪钙＋尿钙＋（或－）体内存留（或分解）钙

食入饲料钙－（粪钙＋尿钙）＝存留钙

存留钙÷食入饲料钙＝钙的总利用率

（食入饲料钙－粪钙）÷食入饲料钙＝钙的表观消化率

存留钙÷(食入饲料钙－粪钙)＝可消化钙的利用率

食入饲料磷＝粪磷＋尿磷＋(或－)体内存留(或分解)磷

食入饲料磷－(粪磷＋尿磷)＝存留磷

存留磷÷食入饲料磷＝磷的总利用率

(食入饲料磷－粪磷)÷食入饲料磷＝磷的表观消化率

存留磷÷(食入饲料磷－粪磷)＝可消化磷的利用率

所以,饲料中钙、磷代谢试验是研究日粮钙磷需要与利用,评定饲料钙、磷营养价值,确定动物对钙磷需要和日粮钙磷利用率的一种基本方法。

三、实验仪器和材料

(一)仪器设备

序号	名称	规格	数量	备注
1	样品粉碎机	带 0.45 mm(40 目)标准筛	1 台	
2	电热恒温干燥箱	室温至 300℃可调	2 台	
3	高温电炉	可控制温度(550±20)℃	1 台	
4	分析天平	感量 0.1 mg	1 台	
5	分光光度计	有 10 mm 比色皿,可在 420 nm 测吸光度	1 台	
6	普通电炉	4～6 联,温度可调控	1 台	
7	毒气柜		1 台	
8	消化代谢笼		根据试验动物确定	
9	吸尿装置		根据试验动物确定	
10	磅秤	称量 500 kg,感量 0.1 kg	1 台	
11	台秤	称量 10～15 kg,感量 5 g	1 台	
12	药物天平	称量 500 g,感量 0.01 g	1～2 架	
13	冰箱	家用,160 L	1 台	
14	粪铲	各种大小(不锈钢)	各 2～3 把	
15	搪瓷盘	32 cm×45 cm	2～3 个	
16	铝桶	带盖,口径 32 cm	5 个	
17	搪瓷盘	20 cm×30 cm	5 个	
18	培养皿	11～15 cm	100～150 个	
19	塑料袋	30 cm×45 cm	80～100 个	
20	称量瓶	25～30 mL	15～20 个	
21	样品瓶	250 g	10～15 个	
22	喷雾器	农用	1 个	
23	手套	家用绒里,大小自定	3～5 双	
24	口罩	医用保健	3～5 个	
25	小刀	漆工用	5 把	

续前表

26	棕色玻璃收尿瓶	2 000 mL	4个	
27	带盖量筒	2 000 mL	4个	
28	容量瓶	100 mL	若干	
29	容量瓶	50 mL	若干	
30	移液管	5 mL	4个	
31	移液管	10 mL	4个	
32	量筒	5 mL	4个	
33	量筒	10 mL	4个	
34	洗瓶	500 mL	2个	

(二)试剂

序号	名称	规格	数量	备注
1	甲苯	分析纯	500 mL	尿样防腐
2	蒸馏水	普通-蒸水	2 000 mL	稀释用
3	酒精	医用消毒酒精	500 mL	做棉球
4	来苏儿			喷洒环境消毒
5	各种分析试剂	分析纯	适量	饲料及粪样化学分析

四、操作步骤

(一)试验动物的选择和准备

为了消除各种因素对钙、磷代谢实验结果的影响,对实验动物的选择应注意以下几方面。

(1)选择生长发育、营养状况、食欲、体质均正常,经过免疫注射和驱虫的健康动物,确保实验动物具有代表性。

(2)同一处理的实验动物的品种、性别必须一致。

(3)体重、年龄、血缘关系和发育阶段应基本相同,应在食欲旺盛,对新饲料、新环境适应力强的阶段。例如猪,选择体重 30～60 kg,3～5 月龄的去势公猪。公畜有利于粪尿分开,可减少尿液对粪的污染。去势后实验动物比未去势动物性情相对温顺,有利于调教和管理。

(4)实验动物头数应据实验目的和要求的精度来确定,一般测定一个饲料的钙磷代谢,初选时不宜少于 5 头,最后不得少于 3 头。如在比较对不同饲料钙、磷消化代谢时,可用拉丁方设计,这可消除实验动物个体的差异,还可增加实验结果的数据。进行方差分析时,其自由度以不少于 15 为佳。

(5)实验动物的饲养管理除喂料与清扫粪便依据试验设计的要求外,其余管理措施应按照常规操作程序进行,如每日给予实验动物充足清洁的饮水任其自由饮用,夏季注意防暑降温,冬季注意防寒保暖等。

为了方便集粪与吸尿,最好将猪、鸡置于消化代谢笼内进行个体笼养,笼的大小以猪、鸡可以在内前后走动和起卧,却不可转身为宜,无条件时可适当改修猪舍。牛要单槽饲喂,做到个体饲喂和相互间的粪便无污染混杂。

(二)饲料的准备与饲喂

(1)进行钙、磷代谢实验所用饲料,其养分含量应满足供试动物的基本营养需要,养分含量过高或过低均不能得到正确可靠的代谢率测定结果。例如:生长猪基本营养需要为维持+正常生长所需;牛一般按 1.3 倍维持营养需要配合饲料。

(2)饲料配方确定后应根据试验动物头数、耗料量等一次性备齐整个实验期所需的各种饲料原料。切忌在代谢试验的中途更换饲料来源,以免影响试验结果。

(3)牛或羊的代谢试验精料应事先一次性配制好,按每次每头喂量称好存放。实验料中含有青粗料时,青粗料应预先备足数量,实验时在每次饲喂前取规定量与每次的精料充分混合后一起饲喂,切忌与精料分开饲喂。

(三)试验期划分及操作要点

1. 驯养观察期　将选好的实验动物饲养在消化环境中,观察被选动物对新环境的适应情况;训练其定点采食、饮水和排粪;掌握采食量和调整给料量,做到每次给料能让动物采食完,尽可能做到少剩或不剩料。

驯养观察期的时间长短无具体规定,根据实验动物具体情况灵活掌握。在此期间应逐渐改变饲料品种与饲养方式,直到饲料更换完成,让动物适应了新环境,采食正常,行为安逸后方可进入下一期的工作。在此阶段也可对动物进行驱虫和加强免疫注射处理。

2. 预试期　一般为 8～10 d,猪和禽为 8 d,反刍和草食动物至少为 10 d。本期是让动物进一步适应新的饲料和新的饲养环境,掌握动物的排粪规律,使其消化道中非测定饲料的残渣全部排净,确保试验测定期收集的粪和尿为测定饲料的残渣。

禁食规定以外的饲料,按驯养观察期最后确定的每次给料量将实验期各头动物所需要的饲料按饲喂次数分别称量好装入塑料袋(每头动物每次一袋),编号备用。

饲料样品的采集应视情况而定。若测定稳定的精料型饲料时,应在预备期分装饲料时按照四分法取得饲料样品,用常规法制备分析样品,密封于样品瓶中置阴凉干燥处保存,备测营养成分。若测定含青、粗、精混合型饲料时,精料样品仍在预备期采集,青粗饲料则应在正式测定期的每次饲喂前采集样品,在 60℃条件下烘干测定初水后粉碎、密封、保存。

3. 正式测定期

(1)准确测定实验动物的采食量、排粪量及排尿量是钙、磷代谢试验结果可靠的重要环节。对于不同的实验动物,因其消化道结构长短不一,排空速度有快有慢,为减少误差,正式测定期应在 6～10 d 或以上,鸡至少在 6 d,牛则应达到 10 d。

(2)逐日详细记录每日每头动物给料量、剩料量、排粪量与排尿量。

(3)正式期对实验动物排粪的收集、记录与制样均应按试验动物个体以天为单位分别进行。每天的界限以 2 d 间排粪少或不排粪的时间为好。实践中选择每天上午 9 点或下午 2 点作为天与天之间的分解点。每日的收集粪次数应当随排随收,昼夜由专人值班。

(四)样品采集与实验记录

1. 采食量测定记录及饲草料样品采集　从理论上讲,按照驯养观察期确定的饲料喂量进行定量饲喂非常方便,但实际上总会或多或少地出现剩料现象。对于剩料,应立即采集样品测定干物质含量并保存,试验结束时将全期剩料混合,以四分法制备分析样品,测定剩料成分。

对于含水量较多的青绿多汁饲料和糟渣类饲料,应在每次临饲喂前采集样品进行干物质测定，以消除因每次饲喂的此类饲料的干物质含量不同给整个试验期食入干物质总量测定结果带来的影响。

2. 排粪量的测定记录与粪样的采集　正式期每次收集到的粪须先放入一个带盖的铝桶中置于冷暗处保存，待1 d的粪收齐后混合均匀，按每天排粪量的5%～20%（不少于100 g）取2份样品，一份平铺于培养皿中置于100～105℃干燥箱内测定总水分，求其干物质含量；另一份平铺于搪瓷盘中，置70℃干燥箱内烘干（中途搅拌，以利快干）取出室温下回潮，测定初水分。然后磨碎过40目筛，密封于样品瓶中置阴凉干燥处保存，供测定吸附水和钙、磷用。

如有防腐冷冻条件，上述样品也可以每头动物为单位，按每天排粪量的固定比例留鲜样保存，待正式期收集粪结束后，将试验期的鲜粪样品集中，按头一并进行取样处理和测定。

为了保证收集的粪是由试验饲料产生的粪，可用不消化的有色物质标记出来，如洋红或氧化高铁。即在实验开始和结束时于饲料中混入少量标记物质，当粪中出现标记物质时，即开始或停止收集粪。

3. 排尿量的测定记录与尿样的采集　每天24 h的尿样应定时进行收集（24 h尿样的收集时间，由上午第一次饲喂时起至翌晨饲喂前止）。根据不同试畜规定试验期（即收集期）天数，每天每头试畜的总尿量，用2 000 mL带盖量筒量其容量，并做好记录。将尿样摇匀后，取其1/10量倾入另一棕色瓶（瓶外应标记试畜号）中，可加入少量甲苯防腐，在4℃条件下保存。整个实验期间，每天每头试畜的尿样，均按同样收集方法，按日把尿样并入棕色瓶中混合均匀后保存，供测定总钙、磷量之用。

（五）钙磷真代谢率的测定

试验动物的选择、饲粮的准备如前所述。测定过程由预饲（过渡）期、排空期和收集期三阶段组成。预饲（过渡）期一般为5～10 d，猪和禽为8 d，反刍和草食动物至少需10 d。预饲期的前段让试验动物自由采食饲粮，最后一次喂被测饲料，然后停料不停水进入饥饿排空期。非反刍动物采食后达到空腹状态的时间较易确定，猪需要72～96 h，禽需要48 h，大鼠需19 h，兔需60 h。发刍动物较难确定空腹状态的适宜时间，一般需要120 h以上。排空期结束后，喂料组即喂给规定的被测饲料并立即收集排泄物粪和尿；饥饿组继续停料不停水，与喂料组同时收集排泄物。收集期一般为32 h。直到收集期结束后处理排泄物，记录质量并测定排泄物钙与磷含量。

表16-1　内源钙磷测定试验的工作安排

期别	第一次测定			第二次测定		
	预饲期	排空期	收集期	预饲期	排空期	收集期
时间	禽和猪为8 d，反刍和草食动物至少10 d	猪96 h，禽48 h，兔60 h，牛和羊120 h	32 h			
喂料组	前段自由采食饲粮，最后一次喂被测料，食后停料不停水，进入排空期	排空期结束时，让试验动物在尽短时间内采食完被测饲料，立即进入收集期	收集32 h后停止，即第一次测定的饲喂工作结束	作为饥饿组，同第一次测定的饥饿组处理		

续表 16-1

期别	第一次测定			第二次测定
	预饲期	排空期	收集期	预饲期 排空期 收集期
饥饿组	前段自由采食饲粮，最后一次喂被测料，食后停料不停水，进入排空期	继续停料不停水，并与喂料组同时进入收集期	收集 32 h 后停止，即第一次测定的饲喂工作结束	作喂料组，同第一次测定的喂料组处理

(六)钙的测定

饲料、粪和尿中钙的测定方法见实验九样品中钙的测定。

(七)磷的测定

饲料、粪和尿中磷的测定方法见实验十样品中总磷的测定。

五、结果和数据处理

(一)试验记录与计算表格

1. 饲料采食量及采食干物质总量测定与计算　见表 16-2。

表 16-2　饲料采食量及采食干物质总量测定与计算

(动物饲养学实验指导，胡坚等，1994)

动物号______ 测定人______ 计算人______ 复查人______

日期		喂次	给饲											剩料			食入量		备注
			精料			粗料			青料			小计							
月	日		原样/g	干物质含量/%	干物质/g	原样/g	干物质含量/%	干物质/g	原样/g	干物质含量/%	干物质/g	原样/g	干物质/g	原样/g	干物质含量/%	干物质/g	原样/g	干物质/g	
计算方法			1	2	3=1×2	4	5	6=4×5	7	8	9=7×8	10=1+4+7	11=3+6+9	12	13	14=12×13	15=10−12	16=11−14	
合计																			

2. 试验动物排粪量及排出干物质总量的测定记录与计算　见表16-3。

表16-3　试验动物排粪量及排出干物质总量的测定记录与计算

（动物饲养学实验指导，胡坚等，1994）

动物号______ 测定人______ 计算人______ 复查人______

月	日	鲜粪+桶重/kg	桶重/kg	鲜粪重/kg	干物质		备注
					/%	/kg	
计算方法		17	18	19=17-18	20	21=19×20	
合计							

3. 试验动物排尿总量的测定记录与计算　见表16-4。

表16-4　试验动物排尿总量的测定记录与计算

动物号______ 测定人______ 计算人______ 复查人______

月	日	排尿量/mL						小计	备注
		第1次	第2次	第3次	第4次	第5次	第6次		
计算方法		22	23	24	25	26	27	28=22+…+27	
合计									

(二)钙平衡的计算

1. 食入钙量

A=试验动物24 h食入饲料总量(g)

B＝日粮中钙的含量(%)

试验动物 24 h 食入钙总量(g)＝$A \times B \div 100$

2. 排出钙量

a＝喂料组试验动物 24 h 排出粪总量(g)

b＝喂料组粪中钙的含量(%)

喂料组试验动物 24 h 粪中排出钙总量(g)＝$a \times b \div 100$

a'＝饥饿组试验动物 24 h 排出粪总量(g)

b'＝饥饿组粪中钙的含量(%)

24 h 粪内源钙总量(g)＝$a' \times b' \div 100$

c＝喂料组试验动物 24 h 排出尿量(g)

d＝喂料组尿中钙的含量(%)

喂料组试验动物 24 h 尿中排出钙总量(g)＝$c \times d \div 100$

c'＝饥饿组试验动物 24 h 排出尿量(g)

d'＝饥饿组尿中钙的含量(%)

24 h 尿内源钙总量(g)＝$c' \times d' \div 100$

3. 钙的吸收与代谢计算

每日表观消化钙量＝每日食入钙量－每日粪钙排出量

每日真消化钙量＝每日食入钙量－(每日粪钙排出量－每日粪内源钙量)

每日表观存留钙量＝每日表观消化钙量－每日尿钙排出量

每日真存留钙量＝每日真消化钙量－(每日尿钙排出量－每日尿内源钙量)

钙的表观消化率＝每日表观消化钙量/每日食入钙量×100%

钙的真消化率＝每日真消化钙量/每日食入钙量×100%

钙的表观存留率＝每日表观存留钙量/每日食入钙量×100%

钙的真存留率＝每日真存留钙量/每日食入钙量×100%

可消化钙的表观利用率＝每日表观存留钙量/每日表观消化钙量×100%

可消化钙的真利用率＝每日真存留钙量/每日真消化钙量×100%

(三)磷平衡的计算

1. 食入磷量

A＝试验动物 24 h 食入饲料总量(g)

B=日粮中磷的含量(%)

试验动物24 h食入磷总量(g)=$A \times B \div 100$

2.排出磷量

a=喂料组试验动物24 h排出粪总量(g)

b=喂料组粪中磷的含量(%)

喂料组试验动物24 h粪中排出磷总量(g)=$a \times b \div 100$

a'=饥饿组试验动物24 h排出粪总量(g)

b'=饥饿组粪中磷的含量(%)

24 h粪内源磷总量(g)=$a' \times b' \div 100$

c=喂料组试验动物24 h排出尿量(g)

d=喂料组尿中磷的含量(%)

喂料组试验动物24 h尿中排出磷总量(g)=$c \times d \div 100$

c'=饥饿组试验动物24 h排出尿量(g)

d'=饥饿组尿中磷的含量(%)

24 h尿内源磷总量(g)=$c' \times d' \div 100$

3.磷的吸收与代谢计算

每日表观消化磷量=每日食入磷量－每日粪磷排出量

每日真消化磷量=每日食入磷量－(每日粪磷排出量－每日粪内源磷量)

每日表观存留磷量=每日表观消化磷量－每日尿磷排出量

每日真存留磷量=每日真消化磷量－(每日尿磷排出量－每日尿内源磷量)

磷的表观消化率=每日表观消化磷量/每日食入磷量×100%

磷的真消化率=每日真消化磷量/每日食入磷量×100%

磷的表观存留率=每日表观存留磷量/每日食入磷量×100%

磷的真存留率=每日真存留磷量/每日食入磷量×100%

可消化磷的表观利用率=每日表观存留磷量/每日表观消化磷量×100%

可消化磷的真利用率=每日真存留磷量/每日真消化磷量×100%

六、实验注意事项

(1)实验动物必须具有代表性。

(2)实验所用饲粮养分含量应满足供试动物的基本营养需要,过高或过低均会影响结果的准确性。

(3)必须一次性备齐整个实验期所需的各种饲料原料。

(4)不同动物产粪量不同,每天产粪成分不同,应据产粪量每天按比例采集。可以每头动物为单位,测定初水后保存样品,正式期结束后将全部样集中混合,一并处理和测定。

(5)注意圈舍清洁,防止粪尿污染。

思考题

1.为什么要测定饲料中钙、磷平衡状况?

2.钙、磷代谢试验的基本原理是什么?

3.钙、磷代谢试验预试期的工作要点是什么?

4.粪样如何收集与处理?

5.尿样如何收集与处理?

实验十七　瘤胃内饲料营养物质降解率的测定(尼龙袋法)

一、目的和要求

尼龙袋法是评价反刍动物饲料营养价值的一种快速、廉价和有效的方法,该方法可用来测定饲料营养物质在瘤胃中的降解率,进而可直接测定饲料蛋白质(或其他养分)实际进入小肠的数量,可在较短的时间内评价多种饲料的降解率,目前已得到广泛应用。通过本次实验,学生应了解测定饲料降解率的意义,熟练掌握尼龙袋法测定饲料瘤胃降解率的方法与操作过程,区分瘤胃静态降解率和瘤胃动态降解率,掌握铬标记饲料的制备过程,掌握测定瘤胃内固体饲料外流速度的方法,熟悉瘤胃动态降解率的计算方法。

二、基本原理

反刍动物区别于非反刍动物的最大特点是其复胃结构,其中瘤胃占体积较大,对饲料的消化降解作用巨大,同时瘤胃中寄住的微生物可以利用部分非反刍动物不可利用的物质合成宿主动物所需要的营养物质,如可以利用非蛋白氮合成动物本身所需要的蛋白质。这给饲料中营养物质营养价值的评定带来困难,使常规的评定方法存在一定的误差。

如反刍动物饲料蛋白质质量的评定,以往曾采用粗蛋白质、可消化粗蛋白质、蛋白质当量及酸性洗涤不溶氮等体系或指标表示。但是,由于瘤胃微生物的作用,使进入反刍动物真胃和小肠的蛋白质与饲粮蛋白质相比,已发生了很大的变化。因此,不管是用粗蛋白质还是用可消化蛋白质,或是后来提出的蛋白质当量及酸性洗涤不溶氮,均不能真实地反映反刍动物氮代谢的实质。20世纪70年代以来,许多国家相继提出了评定反刍动物饲料蛋白质品质及蛋白质需要量的新体系。其中比较有代表性的是美国的可代谢蛋白质体系和英国的瘤胃降解与非降解蛋白质体系。

英国的降解与非降解蛋白质体系中,瘤胃降解蛋白质(rumen degradable protein,RDP)为微生物所降解的蛋白质,80%～100%可合成菌体蛋白;瘤胃未降解蛋白质(undegradable protein,UDP)及瘤胃合成的微生物蛋白质进入后段肠道,除核酸蛋白外,一般均可被动物消化吸收,并为组织所利用。而NRC采用的可吸收蛋白质体系(absorbed protein system)将蛋白质分为降解食入蛋白质(degraded intake protein,DIP)和未降解食入蛋白质(undegraded intake protein,UIP)。DIP相当于RDP,UIP相当于UDP。计算动物的氮供给量时,必须确定微生物对氮的需要量、微生物利用NPN的效率、小肠内蛋白质的消化率及吸收氮的利用率。各国所采用的体系并无本质的区别。这些体系虽然名称不同,方法上也有一定差异,但实质都是将反刍动物对蛋白质的需要分为瘤胃微生物的需要和宿主需要两部分。其核心都是测定饲料蛋白质在瘤胃中的降解率。饲粮蛋白质降解率的计算公式为:

$$降解率=1-\frac{十二指肠非氨氮-微生物氮}{食入的饲粮氮}$$

降解率更精确的计算公式则是从十二指肠非氨氮中扣除内源部分，即

$$降解率=1-\frac{十二指肠非氨氮-(微生物氮+内源氮)}{食入的饲粮氮}$$

准确测定降解率的关键是十二指肠氮流量、微生物氮量及内源氮的测定。目前测定降解率的方法主要有体内法和体外法 2 种。体内法又分为十二指肠瘘管术结合同位素标记测定法和瘤胃造瘘术结合尼龙袋培养法。采用十二指肠瘘管法测定其内容物的非氨氮和微生物氮，需用同位素进行双重标记以区分瘤胃微生物氮和过瘤胃饲料蛋白氮，难度较大。因此，一些研究者提出了尼龙袋法。此法是将被测饲料装入一特制尼龙袋，经瘤胃瘘管放入瘤胃中，培养一定时间后取出，冲洗干净，烘干称重，与放入前的饲料蛋白质含量相比，差值即为饲料可降解蛋白量。其计算公式为：

$$降解率=\frac{初始含氮量-瘤胃内培养后含氮量}{初始含氮量}$$

目前国际上已普遍采用此法测定饲料蛋白质的降解率。其优点是简单易行，重现性好，实验期短，便于大批样品的研究。由于饲料的降解速率并不一致，而且受外排速度的影响，在实际测定中为掌握不同时间的降解情况，往往要测定多个时间点，以分析降解程度与时间的关系。

瘤胃尼龙袋法是分两步测定饲料瘤胃降解率。一是用尼龙袋将待测饲料与瘤胃内容物隔离，测定尼龙袋中饲料消失率的时间变化曲线；二是用铬标记方法测定饲料的瘤胃外流速度。饲料在尼龙袋中的消失率（降解率）显然与尼龙袋在瘤胃中滞留的时间长短有关，称为饲料的动态降解率，用瘤胃外流速度校正后得到饲料的瘤胃降解率。

（一）动态降解率的测定原理

瘤胃微生物通过尼龙袋的孔眼进入尼龙袋内，利用其酶解作用对饲料进行降解，已被降解成小分子的化学物质通过尼龙袋的孔眼流入瘤胃中，经过一段时间后，残留在袋内的饲料就是未被降解的部分。在正常情况下，进入瘤胃的饲料，同时受到两方面作用，即微生物降解和瘤胃内容物的排出，因此用尼龙袋测定的饲料降解率必须进行瘤胃外流率的校正，才能得出饲料在瘤胃内的真实降解率。McDonald 等（1979）提出了饲料蛋白质从尼龙袋中消失的数学模型。按此模型，饲料蛋白质的瘤胃降解率与袋在瘤胃内的放置时间（t）的关系为：

$$p=a+b(1-e^{-ct}) \tag{17-1}$$

式中：p 为尼龙袋在瘤胃中滞留时间 t 后的饲料蛋白质降解率；a 为快速降解蛋白质，这部分蛋白质在很短的时间内即从尼龙袋中消失，即降解曲线在 0 时间的截距；b 为慢速降解蛋白质，随着滞留时间的增加，这部分蛋白质的降解率逐渐增加；c 为慢速降解蛋白降解的速度常数，即为降解率“b”的速度常数。e 为自然对数的底；$a+b$ 为样品的总降解率，不超过 100；$1-(a+b)$ 为瘤胃中未能降解部分；$100-p$ 为瘤胃后可利用的蛋白质部分。

让装有饲料的尼龙袋在瘤胃中滞留不同时间，即可测定出饲料蛋白质瘤胃降解率的时间曲线，按式(17-1)进行最小二乘法即可求出饲料蛋白质的瘤胃动态降解率。降解率-时间曲线的一般模式见图17-1。开始时降解率随时间增加很快，随时间的延长逐渐变慢并最终不再增加，此时的降解率称为最大降解率。

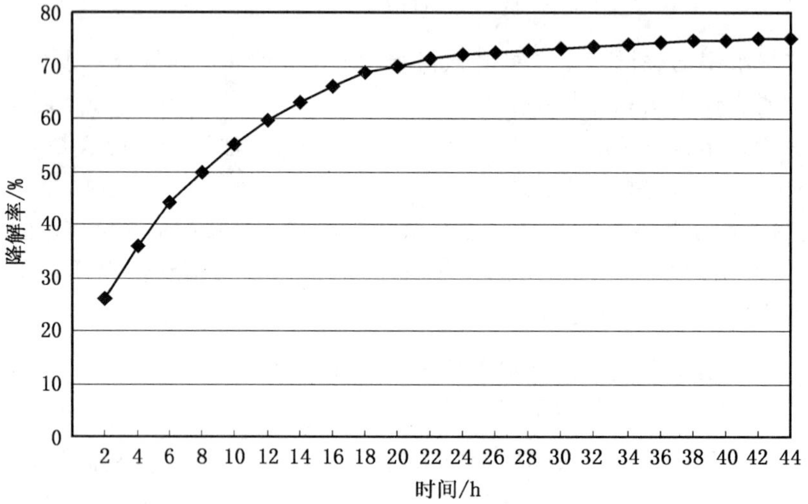

图17-1　饲料蛋白质降解率-时间曲线的模式图

(二)饲料瘤胃流通速度的测定原理

将待测饲料用重铬酸钠标记，通过铬流出瘤胃的速度测定待测饲料流出瘤胃的速度。将瘤胃中的待测饲料看作一室模型，初始量为M_0，在时刻t滞留在瘤胃中的标记饲料数量为M_t，流出速度常数为k，则有如下关系：

$$M_t = M_0\, e^{-kt} \tag{17-2}$$

式中：M_t为时刻t滞留在瘤胃中的标记饲料数量；M_0为初始在瘤胃中的标记饲料数量；t为采样时间；k为待测饲料瘤胃流通速度；e为自然对数的底。

在实际操作中，我们无法直接取得流出瘤胃的食糜样品测定铬浓度，可用粪样中的铬浓度代替，将粪样中铬浓度最大的时刻作为零时刻，此粪样中的铬浓度作为零时刻的铬浓度C_0，按下式进行最小二乘数据拟和，求出k值，代入式(17-2)得出待测样品在时刻t滞留在瘤胃中的铬标记饲料数量：

$$C_t = C_0\, e^{-kt} \tag{17-3}$$

式中：C_t为粪中铬浓度达到高峰后的氧化铬浓度；C_0为零时刻该曲线在Y轴上的截距；t为采样时间；k为待测饲料瘤胃流通速度；e为自然对数的底。

(三)静态降解率的测定原理

在时刻t流出瘤胃的待测饲料数量为kM_t，这部分饲料在瘤胃中滞留的时间为t，其在瘤胃中降解的数量为：$dM_t = k\, M_t[a + b(1-e^{-ct})]M'$，所有待测饲料在瘤胃中的总降解率是该式在0～∞时间内对时间t的积分，除以待测饲料总量M_0后即是静态降解率p。

$$p=\left\{\int_t^{\infty} kM_t[a+b(1-e^{ct})]dt\right\}/M_0$$
$$=\left\{\int_t^{\infty} ke^{-ct}[a+b(1-e^{ct})]dt\right\}$$
$$=\left\{\int_t^{\infty}(a+b)ke^{-kt}dt-\int_t^{\infty}bke^{-(c+k)t}dt\right\}$$
$$=[-(a+b)e^{-kt}]_t^{\infty}-[-bke^{-(c+k)t}/(c+k)]_t^{\infty}$$
$$=(a+b)-bk/(c+k)$$
$$=a+bc/(c+k)$$

三、实验仪器和材料

(一)仪器设备

序号	名称	规格	数量	备注
1	样品粉碎机	带 40 目标准筛	1 台	
2	电热恒温干燥箱	室温至 300℃可调	2 台	
3	高温电炉	可控制温度(550±20)℃	1 台	
4	分析天平	感量 0.1 mg	1 台	
5	分光光度计	有 10 mL 比色皿,可在 420 nm 测吸光度	1 台	
6	普通电炉	4～6 联,温度可调控	1 台	
7	毒气柜		1 套	
8	凯氏蒸馏装置	三件套	1 套	
9	磅秤	称量 500 kg,感量 0.1 kg	1 台	
10	台秤	称量 10～15 kg,感量 5 g	1 台	
11	药物天平	称量 500 g,感量 0.01 g	1～2 架	
12	样品瓶	250 g	50 个	
13	搪瓷盘	32 cm×45 cm	4 个	
14	容量瓶	100 mL	10～15 个	
15	移液管	5 mL	4 个	
16	移液管	10 mL	4 个	
17	半软尼龙管或尼龙绳	长度为:牛 60 cm,羊 20～30 cm	各 8 条	
18	尼龙布	孔径为 35～50 μm 的尼龙布	若干	
19	桶	底部装有细筛网(孔径 230～250 μm)	2 个	

(二)试剂

序号	名称	规格	数量	备注
1	重铬酸钠	分析纯	500 g	铬标记饲料
2	抗坏血酸	分析纯	500 g	铬标记饲料
3	浓硫酸	化学纯	1 000 mL	
4	高氯酸	化学纯	1 000 mL	
5	三氧化二铬	分析纯	500 g	
6	蒸馏水	普通-蒸水	2 000 mL	稀释用
7	酒精	医用消毒酒精	500 mL	做棉球
8	来苏儿			喷洒环境消毒
9	各种分析试剂	分析纯	适量	饲料及降解样化学分析

四、操作步骤

(一)瘤胃瘘管动物的准备与饲养管理

1. *瘤胃瘘管* 牛的瘤胃瘘管由硬质塑料或橡胶制成,大口径瘘管采用橡胶材料,小口径瘘管可用60 cm聚乙烯塑料棒车床加工而成。羊的瘘管多用硬质塑料制成。硬质塑料瘤胃瘘管由底座、直管、旋套和瘘管盖构成,橡胶瘘管由上下底座、直管和瘘管塞构成,见图17-2。根据研究目的,瘤胃瘘管的内径可适当增加或缩小,牛瘤胃瘘管的内径一般为5～15 cm,羊瘤胃瘘管的内径一般为4～8 cm。

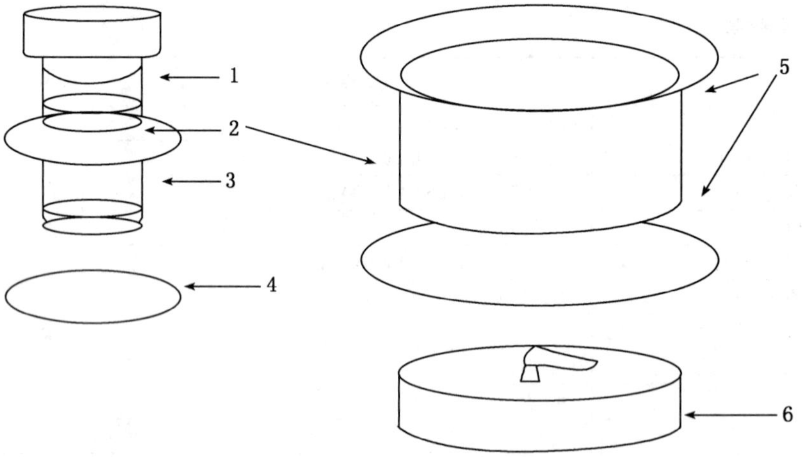

(a)硬质塑料瘘管 (b)橡胶瘘管

1.瘘管盖 2.直管 3.旋套 4.底座 5.上下底座 6.瘘管塞构成

图 17-2 瘤胃瘘管式样

引自冯仰廉,反刍动物营养学,科学出版社,2004。

2. *手术造瘘* 选择健康、体况良好、性情温顺,有完整系谱、生长记录的动物,一般应至少选择4头(只),进行手术造瘘。手术造瘘过程包括手术前的准备、施术动物麻醉、手术操作和术后动物的护理及维护,详见《反刍动物营养学》(冯仰廉主编,科学出版社,2004)。

3. *瘤胃瘘管动物的饲养与管理* 在实际测定工作中,应给予实验动物能够满足瘤胃微生物特殊营养需要和维持瘤胃内环境的饲粮,以保证试样的降解。一般按照实验动物维持需要量的1.3倍计算。精粗料比为30∶70或40∶60,自由饮水。保持圈舍卫生。瘤胃瘘管部位应每周定期使用清洁剂和温水清洗2次,并定期刮毛。实验动物基础日粮举例,如干草70%、玉米15%、大豆粉7.5%、甜菜渣6.5%、食盐0.3%、磷酸钙0.5%、矿物质与维生素添加剂0.2%。其饲喂量为:每日每头成年羊1.3 kg,成年肉牛3.0 kg,成年奶牛5.6 kg。

(二)尼龙袋的制作与处理

1. *袋的原料及其规格* 袋的原料分天然丝和人工纤维(现多用尼龙布)两类。尼龙布的孔径要适当,确保微生物和消化液进入袋内,又可使被降解的物质流出,同时要注意孔径的均匀性和一致性。由于不同实验室操作方法的差异性,所以选用尼龙布的孔径也有差别。

笔者建议使用 35～50 μm 的尼龙布或涤纶布。

2. 袋的大小及其形状　袋的大小以能装上足够的试验用样品为原则，确保瘤胃液进入袋内与样品充分混合，并能轻易将袋从瘘管中抽出。成品尼龙袋的大小为长×宽为 8 cm×12 cm。

3. 袋的制作及预处理　取 17 cm×13 cm 大小的尼龙布，用人工纤维细线进行双线缝合(图 17-3)，袋的底部、两角呈圆形，以免残留样品。袋的边沿用烙铁烫或用胶粘接，以免脱丝。新袋在试验前要放入瘤胃内停留 72 h，取出、洗净、烘干、冷却，然后才能使用。

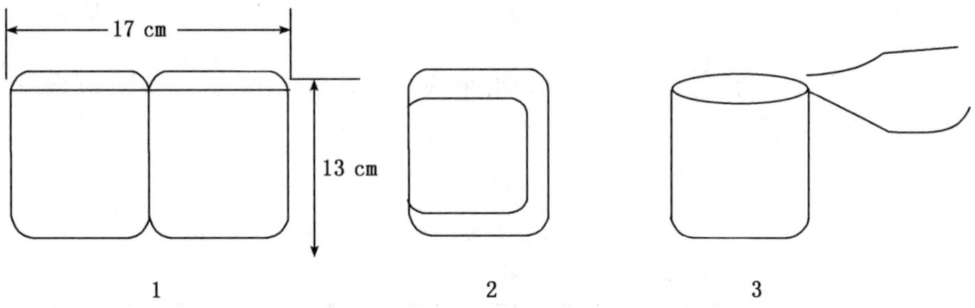

图 17-3　尼龙袋的尺寸及缝制

引自冯仰廉，反刍动物营养学，科学出版社，2004。

(三)待测样品的制备

(1)从大量的样品中选取具有代表性的样品，其原始样本量在 1 000 g 以上。

(2)用四分法将原始样本缩减到需要待测样的数量，一般为 500 g(具体根据实验目的确定)。

(3)制备风干饲料样品时，采用实验室样品粉碎机。样品细度在 4 mm，3 mm，2 mm 时，实验结果无显著差异，一般要求能通过 2.5～3.0 mm 标准筛。

(4)对于新鲜青草、多汁饲料样品，将样品切短后以实验用高速搅拌器搅拌 20～30 s 即可，但不可将样品打成菜泥，也可以在 60℃条件下烘干、恒重、粉碎(2.5 mm 标准筛)。

(5)青贮饲料应进行冷冻、粉碎并过 5 mm 筛，所有排出的汁液应被固体部分完全吸收。

(四)降解率的测定

(1)将清洁标号的尼龙袋放在 60℃恒温干燥箱中烘 48 h，取出冷却 24 h，称重，再烘 3 h，冷却 24 h，称重，用于计算不同时间点的蛋白质降解率，2 次测定之差在 0.001 g 以内。

(2)准确称取试样，样品量应根据袋的大小和冲洗后的剩余量足够供实验室分析用为原则，一般劣质干草与秸秆 2 g，优质干草 3 g，精料 5 g，鲜草 10～15 g。然后装入尼龙袋，扎紧袋口。

(3)记录尼龙袋号、尼龙袋和样品质量，同时测定样品干物质质量。

(4)于早饲前经瘤胃瘘管将用半软塑料管固定的尼龙袋放入瘤胃腹囊处(牛为 50 cm，羊为 15～25 cm)。牛用半软塑料管长 45～50 cm，羊用半软塑料管长 32～35 cm。在塑料管下 2 cm 处向上划通长 3 cm 的夹缝，间隔 2 cm 向上再划一个相同的夹缝。夹缝用于固定尼龙袋。塑料管上端打孔用于系尼龙线，将塑料管通过尼龙线固定在瘘管盖上。为保持袋在瘤胃内的位置，也有将玻璃球与样品一同装入袋内。

(5)培养时间为 12～72 h。因饲料种类不同，其营养物质降解速度随培养时间变化而变化。培养最长时间应接近或等于最大降解时间。一般精料为 12～36 h,优质饲草 24～60 h,劣质饲草 48～72 h。操作时,根据需要于放袋后分别于 4,8,12,24,36,48,72 h 取出 2 个袋。如果在 48～72 h 之间差异很大时,必须增加测定 96 h 的降解率,直到出现降解率的渐近线为止。

(6)取出的尼龙袋连同尼龙管或尼龙绳一起放入洗衣机内,中速冲洗 8 min,中间换水 1 次。如无洗衣机,可用自来水冲洗,水温为 37～38℃。冲洗方法用自来水缓慢细流冲洗,一般 5～8 min,直到冲洗水澄清。在 60～70℃条件下烘干至恒重。记录尼龙袋+残余样品重。

(7)测定样品在消化前与消化后的干物质、有机物、氮、中性洗涤纤维、酸性洗涤纤维含量等项指标。

(8)试验样品的消失率包括简单溶解和细小颗粒的冲洗,因而需要设对照袋浸泡在水中并冲洗烘干,以便校正误差。如干草的实验误差可达 20%。

样品降解率测定见表 17-1。

表 17-1 样品降解率测定记录表

(动物饲养学实验指导,胡坚等,1994)

日期______ 测定人______ 计算人______ 复查人______

动物编号	培养时间/h	干尼龙袋重/g	尼龙袋+样品重/g	样品重/g	袋+培养后样品重/g	培养后样品重/g	样品特征	备注
计算方法		1	2	3=2-1	4	5=4-1		
洗涤损失								
合计								

(五)瘤胃外流速度的测定

1. 铬标记饲料的制备 饲料用粉碎机(2.5～3.0 mm 筛孔)粉碎。称取一定的饲料于一容器内,铬用量占饲料干物质的 4%～14%,不同饲料有所变化,一般玉米 8%,豆饼 14%。称取相当于此用量的重铬酸钠,溶于温水中,水的用量以全部浸透饲料为宜。

将重铬酸钠溶液徐徐倒入饲料中,并不断搅拌,直至呈稠粥状,此时饲料变橙黄色。将饲料转移到带盖的搪瓷盘中,铺开的厚度为 2～3 cm,盖上盖,置 100℃烘箱内,加温 24 h。将饲料转移到底部装有细筛网(孔径 230～250 μm)的桶中,用自来水冲洗,直到水清。再将底部装有细筛网的桶中饲料悬浮于清水中,此时的 pH 值通常为 8.5～9.5。加入抗坏血酸,使溶液 pH 值降到 4.0,搅拌后静置 12 h。测量溶液的 pH 值,如 pH 值超过 4.5,则重复冲洗和抗坏血酸溶液浸泡操作，直到使溶液 pH 值降到 4.0。此步操作目的是将 6 价铬还原为 3 价铬，形成铬与饲料的稳定结合。用清水冲洗，使与饲料结合不紧的氧化铬完全被冲洗掉。最后放在 105℃烘箱内烘干（24 h）。即得到铬标记饲料，其外观呈深绿色。铬标记饲料的稳定性用其在瘤胃中 24 h 的干物质消失率来检验。

2. 测定步骤

（1）将铬标记饲料在晨饲时与精料混合一起喂给实验动物。喂量：牛 300 g/头，羊 65 g/只。在饲喂后 4，8，12，16，20，24，28，32，36，40，44，48，54，60，72，84，96，108，120 h 于直肠采取粪样，在 65℃烘干、粉碎通过 1.0 mm 筛，于样品瓶保存。

（2）Cr_2O_3 标准曲线的制作：准确称取绿色粉状的 Cr_2O_3（分析纯）0.050 0 g 于 100 mL 干燥的凯氏瓶内，加入 5 mL 消化剂（将 10 g 钼酸钠溶于 100 mL 蒸馏水中，再加入 150 mL 浓硫酸和 200 mL 70%的高氯酸即可），置毒气柜中有石棉铁丝网的电炉上用小火加热消化，直到消化液呈橙色透明为止。然后将此液无损地移入 100 mL 容量瓶、定容，此为 Cr_2O_3 母液。每毫升含 Cr_2O_3 5 μg。另取 100 mL 容量瓶 7 个，编号，分别准确移取母液 0，2，5，10，15，20，25 mL 于各容量瓶中，用蒸馏水定容。以 0 为对照，440 nm 波长下比色测定各溶液光密度。根据溶液浓度及光密度读数绘制 Cr_2O_3 的标准曲线。

（3）粪样中 Cr_2O_3 含量的测定：准确称取 1.000 0 g 不同时间收取的风干粪样，分别置于 100 mL 凯氏瓶内，加入 5 mL 消化剂（同上），电炉加热消化直到消化液呈橙色为止。冷却后定容至 100 mL，440 nm 下比色测定光密度，由标准曲线确定 Cr_2O_3 的含量。瘤胃外流速度测定粪样中 Cr_2O_3 含量记录见表 17-2。

表 17-2　瘤胃外流速度测定粪样中 Cr_2O_3 含量记录表

日期______ 测定人______ 计算人______ 复查人______

动物编号		时间(h)																		
		4	8	12	16	20	24	28	32	36	40	44	48	54	60	72	84	96	108	120
标准曲线																				
	光密度																			
	含量																			

五、结果和数据处理

1. 各时间点营养物质降解率

$$饲料某养分的降解率=\frac{消化前样品重\times消化前样品某养分含量-消化后样品重\times消化后某养分含量}{消化前样品重\times消化前样品某养分含量}\times100\%$$

2. 瘤胃外流速度

Cr_2O_3 浓度最大的粪样设置为 $t=0$ 时的粪样，其 Cr_2O_3 浓度为 c_0，将以后各时刻点采集粪样的时刻和 Cr_2O_3 浓度按公式进行最小二乘数据拟和，求出 k 值。

$$c_t=c_0e^{-kt}$$

3. a(快速降解部分)、b(慢速降解部分)、c(b 的速降部分)的确定

(1)最小二乘法

$$dp=a+b(1-e^{-ct})$$

(2)作图法：消化时间为 X 轴，消失率为 Y 轴；0 h 时 Y 轴截距为 a；选择降解曲线上消化率达最大那一点 d_1，$d_1=a+b$，$b=d_1-a$；选择降解曲线上降解变化最大，即整个曲线最敏感的区域(t_2，d_2)，$d_2=a+b(1-e^{-ct_2})$，$c=\ln[(a+b-d_2)/b]/(-t_2)$。

4. 动态降解率的计算

$$p=a+bc/(c+k)$$

式中：p 为尼龙袋在瘤胃中滞留时间 t 后的饲料降解率；a 为快速降解部分；b 为慢速降解部分；c 为慢速降解部分降解的速度常数；k 为瘤胃外留速率。

动态降解率的计算结果见表 17-3。

表 17-3 动态降解率的计算结果表

日期_____ 测定人_____ 计算人_____ 复查人_____

动物编号	快速降解部分	慢速降解部分	b 的速降部分	瘤胃外流速度	动态降解率
计算方法	a	b	c	k	$p=a+bc/(c+k)$
合计					

5. 利用计算机编程计算瘤胃有效降解率

```
10 REM the nylon bag technique
20 REM RUNEL D=a+b(1-exp(-c*t))
30 READ N,K
40 DIM T(N),D(N),R(N),P(N)
50 DATA 6,0.0579
60 FOR I=1 TO N
70 READ T(I)
80 NEXT I
90 DATA 4,8,12,24,36,48
100 FOR I=1 TO N
```

```
110 READ D(I)
120 NEXT I
130 DATA 49.12,55.93,72.47,82.30,86.13,93.58
140 REM optimization
150 AL=D(N)+0.0001
160 AU=100
170 A1=AL+0.382*(AU-AL):A=A1:GOSUB 280
180 Q1=Q
190 A2=AL+0.618*(AU-AL):A=A2
200 GOSUB 280
210 Q2=Q
220 IF ABS(Q1-Q2)<=0.001 THEN 440
230 IF Q1>Q2 THEN 260
240 AU=A2
250 GOTO 170
260 AL=A1
270 GOTO 170
280 REM linear-regrssion
290 T=0:R=0:T2=0:R2=0:M=0
300 FOR I=1 TO N
310 T=T+T(I)
320 T2=T2+T(I)*T(I):R(I)=LOG(A-D(I))
330 R=R+R(I):R2=R2+R(I)*R(I)
340 M=M+R(I)*T(I)
350 NEXT I
360 C=-(M-R*T/N)/(T2-T*T/N)
370 B=EXP(R/N+C*T/N)
380 A=A-B
390 Q=0
400 FOR I=1 TO N
410 Q=Q+(D(I)-(A+B*(1-EXP(-C*T(I)))))^2
420 NEXT I
430 RETURN
440 P=A+B*C/(C+K)
450 RSD=SQR(Q/(N-2))
460 LPRINT "a=";A;"b=";B
470 LPRINT "c=";C;"k=";K
480 LPRINT "P=";P;"P=a+b*c/(c+k)"
```

```
490 LPRINT "RSD=";RSD: LPRINT "T(i)","D(i)","P(i)"
500 FOR I=1 TO N
510 P(I)= A+B*(1-EXP(-C*T(I)))
520 LPRINT "T(I)","D(I)","P(I)"
530 NEXT I
540 END
```

说明：

EDIT 50 输入时间点数量和瘤胃外流速度；

EDIT 90 输入具体时间点；

EDIT 130 输入不同时间点的降解率。

6. 试验重复性　试验的变异主要来自试验动物(变异系数为62%)，其次是不同试验日之间(4.9%)，变异最小的是不同尼龙袋之间(3.3%)。为此，建议适宜的测定组合为2个尼龙袋，2 d时间，3头动物。如果动物减少，则需要将袋数增加至4个，补偿由于动物减少而增大的变异。

六、注意事项

(1)基础日粮明显影响饲料样品的降解率。动物用精料组成的日粮饲喂，则会降低纤维素的降解率。应根据试验目的来选择基础日粮。

(2)样品均匀性应好，要有一定细度，便于瘤胃液作用而充分发酵，否则影响试验的准确性。

(3)尼龙袋的通透性要好，网眼大小要恰当。

(4)尼龙袋冲洗过程中不能用手挤压袋内样品，以免增大消失率。

(5)使用后的尼龙袋如需重复利用时，应清洗干净，干燥并在显微镜下进行检查，如有损坏应予以剔除。

(6)培养最长时间应接近或等于最大降解时间，直到出现降解率的渐近线为止。

(7)尼龙袋应放置在瘤胃腹囊适当位置区(牛为50 cm，羊为15～25 cm)。

(8)以对照袋来校正冲洗损失。

思考题

1. 瘤胃降解率测定中对尼龙袋有什么要求？
2. 测定瘤胃降解率，对样品的细度和数量有什么要求？
3. 如何确定样品在瘤胃内的培养时间？
4. 尼龙袋应放置在瘤胃中的什么位置？
5. 基础日粮的组成对降解率有何影响？
6. 如何制备铬标记饲料？
7. 为什么要使用对照袋？
8. 尼龙袋法测定饲料瘤胃降解率的注意事项有哪些？

第二节 体外消化实验

常规的全收粪法和指示剂法进行的体内消化实验，能够比较准确地对饲料营养价值进行评定，但这些方法往往耗时、费力，很难在短时间内对大量饲料样品进行评价分析。尼龙袋法虽然有不少优点，但安装瘘管以及操作仍较麻烦。随着科学技术的进步和动物消化生理的研究进展，动物体外消化技术得到了很大的发展。这种方法具有简单、快捷、重演性好等特点，在饲料营养价值评定等方面占有重要地位。

体外消化实验是模拟动物消化道的环境和消化过程，在体外（实验室内）进行饲料的消化。然后通过动物实验与体内消化取得联系，由此来预测体内消化率或消化能。所得到的某种营养物质的体外消化率一般都会与体内消化率有比较高的相关，从而用这种比较简单的方法间接得到体内消化率，评定饲料的营养价值。

体外消化实验，根据消化时所用消化酶的种类，可简单分为以下几种方法：

- 体外消化实验方法
  - 单酶法
    - 测定 pH 值法
      - pH 变化幅度法
      - pH 恒定法
    - 测定养分消化率法
  - 多酶法
    - 两步法
      - 胃蛋白酶-胰酶法
      - 胃蛋白酶-猪小肠液法
    - 三步法
      - 胃蛋白酶-胰酶-瘤胃液法
      - 胃蛋白酶-胰酶-碳水化合物分解酶法
    - 其他（消化道食糜）

单酶法是最为简单的一种体外消化方法，即是利用一种酶，在体外（实验室内）对饲料进行消化，从而得出饲料中养分的体外消化率或消化能，进一步预测其在体内的消化率或消化能，来评定饲料的营养价值。

测定 pH 值法的原理是蛋白质在蛋白酶的作用下肽键断裂，使 pH 值降低，利用 pH 值降低幅度和蛋白质体内消化率之间建立回归方程，预测蛋白质体内消化率，评定蛋白质的营养价值。该方法仅限于对饲料中蛋白质一种养分的营养价值和体内消化率进行评价和预测，不适合其他营养成分的评定。

测定养分消化率法，到目前主要是测定蛋白质的体外消化率。其主要的原理是饲料中的蛋白质在蛋白质酶的作用下水解，根据蛋白质的水解程度来评价饲料蛋白质的品质和预测体内蛋白质的消化情况。该方法所用酶主要以胃蛋白酶为主，其次还有木瓜蛋白酶、胰蛋白酶和链霉蛋白酶等。研究发现，利用胃蛋白酶评定蛋白质饲料品质受饲料粒度和胃蛋白酶剂量等因素的影响。

利用单酶法测定蛋白质的消化率存在许多不足。动物对蛋白质消化的实际情况是饲料蛋白质消化不仅仅由一种蛋白酶消化，除了胃蛋白酶外，还受胰腺和小肠分泌的蛋白酶，淀粉和脂肪等其他营养物质的消化利用程度以及各种饲料抗营养因子等多种因素的影响，而单酶法仅仅模拟了蛋白质在胃内的消化情况，忽视了后段消化道对蛋白质消化的影响。另外，利用该方法仅限于对蛋白质消化率的评定，对能量、脂肪等其他饲料养分的消化率不能评定，并且评定种类相同、来源不同的蛋白质饲料的可靠性较低。

单酶法虽然存在一定的局限性，但由于其操作简便，与体内消化存在较高的相关性，在评定预测其体内消化率方面也取得了一定的效果。Meer等(1990,1992)在对89个日粮样品进行测定时发现，用胃蛋白酶在pH值=1.5的条件下处理饲料样品，有机物质体外消化率相关系数很高(r=0.92)，可以用来预测饲料的体内消化率。

多酶法是由几种消化酶同时完成对饲料养分的消化过程。分为胃蛋白酶-胰酶法、胃蛋白酶-小肠液法等两步法和胃蛋白酶-胰酶-瘤胃液法、胃蛋白酶-胰酶-碳水化合物分解酶法等三步法。

胃蛋白酶-胰酶法、胃蛋白酶-小肠液法等两步法是应用最多，并且比较成熟。主要是模拟胃和小肠对饲料养分的消化过程。其原理是首先利用胃蛋白酶在酸性环境下完成饲料养分在胃中的消化过程，然后用小肠液和胰酶在中性条件下继续消化，完成在小肠中的消化过程，通过过滤将消化的养分和未消化的养分分离，来测定养分的体外消化率或消化能。两步法可以使体外消化过程更接近于体内消化，所测的结果更可靠。研究发现，利用该方法测得的猪体外养分消化率与体内消化率之间存在较强的相关性。两种方法均可以预测多种饲料蛋白质、干物质和能量等养分的体内消化率，对饲料营养价值进行评定。

由于动物后段消化道内微生物对饲料养分的消化有很大的影响，为了进一步全面地对饲料养分的潜在消化率进行体外评价，产生了体外消化实验的三步法。即利用瘤胃液或微生物酶(非淀粉多糖酶)处理经胃蛋白酶和胰酶(或小肠液)消化后的食糜，来模拟食糜在动物后段消化道的消化过程。大量的研究表明，利用三步法测定的饲料干物质和能量的体外消化率与体内的消化率存在一定的相关性和很强的一致性。测定的结果具有科学合理性。

随着动物消化生理研究的不断深入和现代科学技术的发展，以及饲用酶制剂工业的发展，为动物体外消化实验技术不断的成熟和发展，提供了有效、快捷的研究手段，并在生产实践中得到广泛的应用。

实验十八　饲料中粗蛋白质体外消化率的测定(胃蛋白酶法)

一、目的要求

通过胃蛋白酶法测定饲料中粗蛋白质的体外消化率，从而了解、掌握单酶法(胃蛋白酶)体外消化实验的一般方法、原理、测定步骤以及所用的试剂、仪器设备等。通过与其他消化实验方法进行比较，明确学习体外消化实验的目的及意义，并为实际应用打下基础。

二、基本原理

被测试样在实验室中，以与胃中相似的环境(pH值、温度)，模拟饲料在动物胃中的消化过程。经过脱脂的样品，用温热的胃蛋白酶溶液，在恒温、持续不断的搅拌下消化，过滤分离不溶性残渣。残渣经过洗涤、干燥后测定其粗蛋白含量。同时，测定空白和未酶解试样的粗蛋白含量。根据酶解前后样品和残渣的粗蛋白质含量，计算饲料粗蛋白质的消化率。

三、实验仪器和材料

(一)实验仪器

(1)恒温式平转摇床：温控范围20～50℃，水浴式或空气浴式均可，转速可调(15～300 $r \cdot min^{-1}$)。

(2)试验室用样品粉碎机。

(3)定氮仪器、设备：同粗蛋白质测定。

(4)索氏抽脂器、脱脂设备：同粗脂肪的测定。

(5)分析天平，感量0.000 1 g。

(6)具塞三角烧瓶，250 mL。

(7)布氏漏斗。

(8)定量滤纸(快速)。

(9)电热恒温干燥箱，可控温度在(130±2)℃。

(二)试剂与溶液

(1)2 $g \cdot L^{-1}$的胃蛋白酶溶液：将6.1 mL浓盐酸稀释至1 000 mL水中(溶液pH值为1～2)，加热至42～45℃，加入2 g活性为1：10 000生化级胃蛋白酶(不可使用非生化级胃蛋白酶，应注意胃蛋白酶溶液中胃蛋白酶浓度应为20 $IU \cdot mL^{-1}$)并缓慢搅拌至溶解；或将25 mL磷酸缓冲液加入到锥形烧瓶中，勿在加热板上加热胃蛋白酶溶液或配置时过热，防止胃蛋白酶的变性。胃蛋白酶溶液不可放置过久，应现用现配。

(2)氯霉素乙醇溶液(0.5 mg/mL乙醇)。

(3)乙醚(GB 12591)。

(4)丙酮(GB 686)。

(5)定氮试剂:按粗蛋白质测定中(凯氏定氮法)所用试剂及配制方法准备。

四、操作要领

1. 试样的选取与制备　选取具有代表性的试样,用四分法缩分至 200 g,然后粉碎至全部过 0.90 mm(20 目)孔径筛,混合均匀后装于密封容器,保存备用,防止试样成分的变化或变质。

2. 脱脂　称取制备好的试样 1～2 g,用乙醚脱脂(脂肪含量小于 1%的可不脱脂,含脂肪 1%～10%建议脱脂,含脂肪大于 10%则必须脱脂)。脱脂方法可参照粗脂肪抽提方法进行,即在索氏抽脂器中,用乙醚等有机溶剂反复浸提饲料样品,使其中的脂肪溶于乙醚,经若干次浸提后,样品中的脂肪基本被脱除,然后取出样品烘干备用。

3. 胃蛋白酶溶液的配制　在样品脱脂的同时,按照实验仪器和材料中所述的方法,配制胃蛋白酶溶液,并加入 1 mL 氯霉素乙醇溶液,以防止微生物在消化液中的生长。

4. 胃蛋白酶消化　称取脱脂烘干后的试样 1 g 左右(精确至 0.000 2 g),于 250 mL 具塞三角瓶中,加 150 mL 新配制的并已预热至 42～45℃的胃蛋白酶溶液,要确保样品完全被加入的胃蛋白酶溶液所浸润,盖紧瓶塞,将三角瓶夹于恒温摇床上,于 45℃恒定搅动 16 h 进行保温消化。同时做空白测定。

5. 消化残渣的处理　消化完毕后,从恒温摇床上取下三角瓶,呈 45°角放置,让残渣沉淀 15 min 以上。随后在铺有快速定量滤纸的布氏漏斗上进行抽滤。先用少量水将瓶塞上的残渣洗至滤纸上,再将三角瓶保持沉淀时的角度移至布氏漏斗上,慢慢倾出内容物,使之通过滤纸后形成连续的细流,避免任何不必要的搅动。液体通过滤纸的速度应与倾入的速度相同。

当上层液体通过滤纸后,于瓶中加入 15 mL 丙酮,用拇指盖住瓶口剧烈振摇,放开。再用拇指堵住瓶口,在滤纸上方将瓶倒置振摇,放开拇指让丙酮和残渣流到滤纸上。再用一份 15 mL 的丙酮进行洗涤照上法进行振摇和倒出。检查瓶子,并用丙酮再次洗涤。当全部液体通过滤器后,用洗瓶以少量丙酮洗涤漏斗壁上残渣 2 次,并抽干。从布氏漏斗上小心取下载有残渣的滤纸,无损失地移入凯氏烧瓶中,并将凯氏烧瓶置于 105℃烘箱内烘干。

6. 粗蛋白的测定　将上述烘干的残渣按凯氏定氮法测定粗蛋白的质量分数(W_2)。同时,称取未消化的样品 1 g 左右(精确到 0.000 2),直接按凯氏定氮法进行粗蛋白的测定,得出未消化试样中粗蛋白的质量分数(W_1)。

7. 空白试验　在 250 mL 具塞三角瓶中不加入样品,直接加入 150 mL 新配制的已预热至 42～45℃的胃蛋白酶溶液,盖紧瓶塞,将瓶夹于恒温摇床上,45℃恒温搅动 16 h 进行保温消化。然后按照消化残渣的处理中介绍的步骤进行操作,然后按照凯氏定氮法测定空白试验粗蛋白的质量分数(W_3)。

五、结果和数据处理

(一)计算公式

结果按照下式进行计算:

$$胃蛋白酶消化率=W_1-(W_2-W_3)/W_1$$

式中：W_1 为未酶解的原试样中粗蛋白质平均质量分数；W_2 为酶解后残渣中粗蛋白的平均质量分数；W_3 为空白试验测得的粗蛋白质量分数。

所得结果表示到小数点后 2 位。

(二)重复性

每个试样脱脂后取 2 份试料按照相同步骤进行测定，以其算术平均值为测定结果。

测定结果的相对偏差允许范围如下：

当胃蛋白酶消化率在 25%以上，允许相对偏差为 1%；

当胃蛋白酶消化率在 10%～25%，允许相对偏差为 2%；

当胃蛋白酶消化率在 10%以下时，允许相对偏差为 3%。

六、注意事项

(1)注意配制胃蛋白酶溶液时应保证胃蛋白酶浓度，本实验要求胃蛋白酶浓度为 20 IU·mL^{-1}，并应防止胃蛋白酶的失活。

(2)制备样品时应选用具有代表性的试样，并保证粉碎粒度，要求全部通过 0.90 mm (20 目)孔径筛。

(3)在样品消化时应注意勿使样品附着瓶壁不与酶液接触，必要时可采取适当措施，使其浸入酶液，但不可使用蒸馏水冲洗，以防酶液浓度下降，对测定结果产生影响。

思考题

1. 体外消化实验根据所用酶分为哪几种方法？各有何特点？
2. 胃蛋白酶法测定饲料中粗蛋白质体外消化率的原理是什么？
3. 简述胃蛋白酶法测定饲料中粗蛋白质体外消化率的基本步骤。

第三章　畜禽饲养试验设计

实验十九　畜禽饲养试验设计

畜禽饲养试验是通过饲喂动物已知营养物质含量的饲粮或饲料，对其生长情况、生产性能、饲料转化率、组织和血液生化指标等进行测定，来评定饲料营养价值、确定畜禽营养需要和比较饲养方式优劣的一种综合性试验方法。

一般的饲养试验都是在生产条件下，使用一定量的试验动物，经过多次重复、精心饲喂进行的，得出的试验结果数据可靠，经得起生产实践的考验。但大多数饲养试验是通过设处理组和对照组比较畜禽的生产性能等以判定其结果，不同的处理组和对照组，即使是同一品种、条件一致的畜禽，饲养在同样的条件下，也会有差异。对饲养试验中出现的这些差异，必须经过统计学上的处理，分析判断其差异的来源。因此，在进行饲养试验以前要充分考虑到生物统计对试验设计的要求，根据试验目的、试验动物的情况以及环境条件等，进行适宜可行的饲养试验设计。

畜禽饲养试验设计的任务就是在试验研究工作之前，根据研究项目的需要，应用数理统计原理，作出周密安排，力求用较少的人力、物力和时间，最大限度地获得丰富而可靠的资料，通过分析得出正确的结论，明确回答研究项目所提出的问题。如果设计不合理，不仅达不到试验的目的，甚至导致整个试验的失败。因此，能否合理地进行试验设计，关系到科研工作的成败。

试验设计的目的是避免系统误差，控制、降低试验误差，无偏估计处理效应，从而对样本所在总体作出可靠、正确的推断。

第一节　试验设计的概述

一、试验设计的基本概念

(一)试验

试验是在人为控制条件下进行的一种有目的的实践活动。例如，比较不同饲料对畜禽生产性能影响上的差别。

试验不同于观察，试验要求发挥人们的主观能动性，通过控制条件来影响事物的发展状态和进程，使之更有利于我们对其客观规律的认识。

(二)试验设计

试验设计,广义上是指试验研究课题设计,也就是整个试验计划的拟定。主要包括课题的名称、试验目的,研究依据、内容及预期达到的效果,试验方案,试验单位的选取、重复数的确定、试验单位的分组,试验的记录项目和要求,试验结果的分析方法,经济效益或社会效益的估计,已具备的条件,需要购置的仪器设备,参加研究人员的分工,试验时间、地点、进度安排和经费预算,成果鉴定,学术论文撰写等内容。

而狭义是指试验单位(如动物试验的畜、禽)的选取、重复数目的确定及试验单位的分组。畜禽饲养的试验设计主要指狭义的试验设计。

(三)试验单元

一个试验单元是试验材料的基本单元,它是试验工作者施加处理的对象。这个基本单元可以是一个细胞、一个组织或是一个动物个体,有时也可以是一组个体,例如在研究猪的出生窝重和断奶窝重时,试验单元就是同窝的所有子猪。

(四)试验指标

对每个试验单元要度量的试验结果的标志称为试验指标,如日增重、瘦肉率、产奶量等,同一试验中可以有多个试验指标。

(五)试验因子

试验中根据试验目的要研究的影响试验指标的因素称为试验因子。例如,要比较不同饲料对动物生产性能(指标)上的差别,饲料就是试验因子。要指出的是,在一个试验中,除了试验者要研究影响试验指标的因素外,还会有其他因素影响试验指标,例如上述试验中,饲料是试验因子,但试验动物本身的差异(年龄、体重、性别、遗传背景等)和它们所处环境的差异也会造成生产性能上的差异。原则上,试验者应选择个体间无差异或差异很小的试验动物并使它们处于相同的环境条件下进行试验。但在很多情况下,我们无法做到这一点,也就是说不可避免地会存在一些影响试验指标的客观因素,我们将它们称为客观因子,或干扰因子。试验设计的一个重要任务就是要通过合理的设计,使我们能够通过统计分析,将干扰因子的影响降低到最小。

在一个试验中,如果只有一个试验因子,称为单因子试验;如果有两个试验因子,称为双因子试验;以此类推。

(六)因子水平

对试验因子按其质或量所划分的等级或状态称为因子水平,称为水平。例如,如果饲料中的蛋白质含量是试验因子,不同的含量就是不同的水平。

(七)试验处理

简称处理,是指根据试验因子的不同水平对试验单元所处以的不同措施。在单因子试验中,因子的一个水平就是一个处理;在多因子试验中,不同因子的每一个水平组合就是一个处理。

(八)试验误差

由于试验处理外的其他因素所引起的观测值的变异称为试验误差。可分为两类:一类是系统误差,它是指由于干扰因子的存在使得一个处理内的试验单元与另一处理内的试验单元之间有整体性的差异趋势,这个差异与试验处理所造成的差异相混淆,使我们不能得出正确的结论。这类误差一般是可以通过合理的试验设计加以避免和校正的。

另一类是由于随机和偶然的干扰因子所造成的误差，它一般造成各个试验单元之间的随机变异，我们称之为随机误差。这类误差是不可避免的，但可以通过合理的试验设计来降低它的影响。

二、饲养试验设计的基本要求与原则

(一)试验设计的要求

1. 试验的代表性　试验的代表性是指试验材料(包括动物)的选择能代表总体(群体)水平，试验条件应能反映将来推广试验结果所在地区的自然条件、饲料状况和管理水平等，以便在具体条件下应用。既要代表目前条件，同时还要看到某些技术将采用的可能性。

2. 试验的正确性　正确性包括准确性和精确性两个方面。准确性是指试验结果是否接近于真值。由于真值是未知的，所以我们只能用样本的统计数来推断。精确性是指试验误差的大小，可用多次测定值的变异程度衡量。试验误差首先是试验材料本身固有的差异，其次是由于在试验环境条件和操作过程中造成的误差。因此，准确性不等于精确性，但要获得高的准确性，必须首先提高精确性。用降低误差的方法，诸如增加重复、随机化、配对比较、区组设计等等，即可提高试验的精确性。

3. 试验的重演性　在相同条件下进行相同的试验能否获得类似的结果，对于推广试验结果至关重要。为保证重演性，试验过程中要严格检查各种设施、条件，遵守操作规程，详细观察，准确记录，仔细核对，认真分析，对可以数据进行必要的重复验证，以避免人为因素引起的误差。

4. 试验动物的一致性　主要包括遗传背景、年龄、性别、胎次、体重、生理状态、健康状况等等。应使这些条件尽量相同或相近。

5. 要有一定的预试期　分期试验应合理设置间隔时期，以排除饲料后延效应的影响。

(二)试验设计的原则

试验设计的作用主要是估测处理效应，控制和估计试验误差，以便合理地统计分析，作出正确推断。由试畜本身、饲料种类、管理条件不一致等原因引起的系统误差，只要试验工作做得精细，比较容易克服。而由个体特性不同，舍内小气候不一致、管理上的微小差异等原因引起的偶然误差(统计分析中称试验误差)具有随机性，难以完全消除。为了尽量减少试验误差，提高试验的精确性，试验设计应遵循以下原则：

1. 重复　同一处理设置的试验单位数称为重复。一个重复可以是一头(只)畜禽，也可以是多头(只)畜禽。重复增加，每重复内的头数可适当减少；反之，减少重复影响应增加每重复的头数。重复的最主要作用是估计随机误差方差，如果一批处理只有一个观察值，无从求得差异，也就无法估计误差。误差的大小与重复次数的平方根成正比，故重复越多误差越小。但增加重复需较多的试畜头数，由试畜来源、环境和管理等不一致造成的误差反而会增大。为了避免这一点，需要在局部控制条件下进行重复。据经验和统计学依据，误差自由度以6～12为宜。

2. 随机化　所谓随机化是指各试验单位随机分配到各种处理中去，各组随机接受一种处理，不受任何主观因素的影响。随机化的目的是减少系统误差。并且重复与随机相结合，试验就能提供无偏的试验误差估计值。

在畜禽饲养试验中，随机化的分配方法可采用抽签或随机数字表进行，以随机数字法较为常用。

3. 局部控制　试验设计应考虑采用各种技术措施，控制和减少处理因素以外其他各干扰因素对试验结果的影响。当干扰因素不能从试验中排除时，通过设计对其进行控制，从而降低或校正其影响，提高统计分析的准确性，这种处理方法被称为局部控制。

例如，当试验环境或试验单位差异较大时可将整个试验环境或试验单位分成若干个小环境或小组（区组或单位组），在小环境或小组内使非处理因素尽量一致。这样根据需要在各区组内设置重复，即使区组间差异增大，区组内局部控制的精度可以始终保持不变。

重复、随机化、局部控制这 3 条原则相互关联，根据这 3 条原则设计试验，配合适当的统计分析，就能得出可靠的试验结果。

第二节　饲养试验设计方法

畜禽饲养试验设计根据研究的内容、目的和要求以及试验动物和试验的条件不同，有不同的试验设计方法。本节主要讨论常用饲养试验设计方法的适用范围及设计方法，具体的统计检验方法可有关书籍。

一、完全随机化设计

完全随机化设计（completely randomized design）是按因子设计水平数目，将试畜随机分组，然后配置到各个处理中去，使每个试验单元都有相同的机会接受某个处理。该试验设计要求供试动物除处理因素的水平之外，试畜来源、管理和环境条件等尽量一致，使影响试验结果的因素在各组中都相同，互相抵消，突出不同处理的影响。

完全随机化设计是最简单的试验设计方法，可用于单因子试验，也可用于多因子试验。

完全随机化设计的实质是随机分组。随机分组可以通过抽签或利用随机数字表来进行。

例如：研究酶制剂对断奶子猪生产性能的影响，需要将试验猪分为对照组和试验组。可在某猪场选择体重 10 kg 左右、断奶、去势、驱虫、防疫过的子猪 18 头，空腹 12 h 后，个体称重，编为 1～16 号，打耳号或做耳标，从随机数字表中任选一个数字和走向，开始连续选出 16 个两位数的数字，分别代表 1～16 号子猪，将单数或双数分别代表对照组（Ⅰ）或处理组（Ⅱ）。分组情况见表 19-1。

表 19-1　子猪分组情况

猪编号	1	2	3	4	5	6	7	8	9	10	11	12	13	14	15	16
随机数字	17	07	44	99	83	11	46	32	24	20	14	85	83	48	93	72
组别	Ⅰ	Ⅰ	Ⅱ	Ⅰ	Ⅰ	Ⅰ	Ⅱ	Ⅱ	Ⅱ	Ⅱ	Ⅱ	Ⅰ	Ⅰ	Ⅱ	Ⅰ	Ⅱ

分组时出现2组猪数不等时，再将数量多的组，同样以随机的方法选出，调到另一组。

分组后预饲，观察猪只的生长及健康情况，必要时可调整或淘汰。在试验开始和结束时，应连续2 d，在早晨空腹时进行称重。

该设计如果是分成一个对照和一个试验组，用 t 检验；2组以上，用 F 检验，进行不同处理结果的统计分析。

二、配对试验设计

为了消除或降低某种干扰因子对试验指标的影响，使对照组和不同处理组的动物尽量一致，采用配对试验设计(paired design)。即选择各方面条件相同的试畜，双双搭配成对，同一对内的试畜应尽量一致。将每对分别分配到对照组和处理组。理想的配对是同窝、同性别、同体重的个体。同一试验对象的前后两次观察值，都可以认为是配对的。但若找不到配对动物，也不要勉强配对。

例如：有试验动物20头，分别将性别、年龄相同、体重相近的两头配成一对，共10对，编号为1～10号，用随机法将每对中的两头分别分到甲、乙两个处理组中。设计方案见表19-2。

表19-2 配对试验设计方案

配对编号	1	2	3	4	5	6	7	8	9	10
随机数字	89	38	20	26	13	51	03	74	15	72
配对中的第一头动物组别	甲	乙	甲	甲	甲	甲	甲	乙	甲	乙
配对中的第二头动物组别	乙	甲	乙	乙	乙	乙	乙	甲	乙	甲

三、随机区组试验设计

随机区组试验设计(randomized black design)是根据局部控制的原则，将各方面情况和来源基本相同(如同窝、同性别、体重基本相同)的动物划归为一个单位组，每一个单位组内的动物数等于处理数，并将各单位组的试验动物随机分配到各处理组。

随机区组试验设计是发展了的配对试验设计，用于2组以上的试验。如果试验规模过大，组间难以达到条件一致，可采用该设计方法，这样可把组间误差单独分开，从而突出了试验因子的差异程度。该试验设计要求同一区组内的试验动物应尽量一致，不同区组间的试验动物允许存在差异，但每一区组内动物的随机分组必须是独立进行，每种处理在一个区组内只能出现一次。在饲养试验中，常把试验场、同一场内的不同畜舍、试验日期、家畜的窝别和胎次等作为区组。

例如：研究3个不同的酶制剂添加水平对断奶子猪生产性能的影响。可采用随机区组法设计试验。从3个猪场选择断奶期相近的断奶子猪54头，公母各半。区别公母猪，各组分成3个区组，每个猪场为1个区组。每个区组有18头猪。数量不足时，可做适当调整。然后按随机化的原则，将各个区组分配到3个处理组中。这样每个处理组有第一、第二、第三猪场的猪各6头(公母各半)，共计18头。具体分配情况见表19-3。

表 19-3 随机区组试验设计方案

处理	第一猪场(区组)		第二猪场(区组)		第三猪场(区组)		总数
	♂	♀	♂	♀	♂	♀	
Ⅰ	× × ×	× × ×	× × ×	× × ×	× × ×	× × ×	18
Ⅱ	× × ×	× × ×	× × ×	× × ×	× × ×	× × ×	18
Ⅲ	× × ×	× × ×	× × ×	× × ×	× × ×	× × ×	18
总数	18		18		18		54

采用随机区组设计时,应注意以下几个问题:

(1)在系统误差比较大的情况下,把它分离出去(设置区组)十分有利。但分离区组减少了误差自由度,从而降低了检验的精确性。因此,在误差与区组间期望均方相差无几的情况下,不宜设置区组。

(2)如果因子各水平对区组的反映缺乏相似性,就不能把各个区组的试验结果合并。同时,试验因子与区组有交互作用时,不应采用无重复的随机区组设计。

(3)随机区组设计与一些复杂的试验设计相比,分析简单,处理数与重复数没有严格的限制。

四、拉丁方设计

拉丁方设计(latin square design)是比随机区组设计多一个区组的设计,是从横行和直列 2 个方向进行双重局部控制,使 2 个方向都成为区组。拉丁方设计有 3×3,4×4,5×5 等等。

在畜禽的饲养试验中,要控制来自两个方面的系统误差,且试验动物的数量受到限制、动物的生理阶段对生产性能等实验结果有明显影响时,应用拉丁方设计较为有利。

该设计的特点是:分直行和横行 2 个方向,每一直行和每一横行内各只有一个处理,即每种处理在横行和直行都只出现一次,而且横行与直行数目相等。但因素之间不能存在互作。如果前一试验阶段的处理有残效,就会全部包括在误差项里而增大误差。为此,每个阶段之前必须有一定的预试期,使残效消失,或延长试验期,只使用后半期的数据进行分析。

该试验设计可不受试验期长短的影响,并且可用较少的试畜得到同样正确的结论,在统计中消除了个体及时期的差异。常用于泌乳牛或产蛋鸡的短期饲养试验。

例如:用 3 头乳牛进行 3 种不同饲料配方对其泌乳性能影响的试验。由于不同牛只的泌乳性能有较大的差异,同一牛只在其一个泌乳期的不同泌乳阶段的泌乳性能也有较大差异。为了消除不同牛只和牛的不同泌乳阶段对泌乳性能的影响,选用 3 头同一胎次、产犊日期相近的母牛,考查 3 个阶段的泌乳性能,每头牛在不同的泌乳阶段饲喂不同的饲料,采用

3×3 拉丁方设计的方案，见表 19-4。

表 19-4　3×3 拉丁方设计的方案

试验期	牛号		
	1	2	3
第一阶段	A	B	C
第二阶段	B	C	A
第三阶段	C	A	B

拉丁方设计也可以重复，组成复合方。例如，用 4×4 拉丁方设计测定饲料的消化率，基础日粮由玉米、豆粕、麸皮、大麦以及预混料等组成。测定玉米、大麦、麸皮的消化率，用 1～8 号猪，2 个重复，进行 4 期消化试验，每期 20 d。具体分配情况见表 19-5。

表 19-5　2 个 4×4 拉丁方试验设计方案

饲料	时期							
	Ⅰ	Ⅱ	Ⅲ	Ⅳ	Ⅰ	Ⅱ	Ⅲ	Ⅳ
基础饲料	1	2	3	4	5	6	7	8
80％基础＋20％玉米	3	4	1	2	6	7	8	5
80％基础＋20％大麦	4	1	2	3	7	8	5	6
80％基础＋20％麸皮	2	3	4	1	8	5	6	7

试验结果：将重复的 2 个试验合并整理，每个饲料有 8 个数据的平均数，每个时期也有 8 头猪的平均数，8 头猪各有其个体对 4 种饲料的消化率。整理后按表 19-6 中自由度分裂进行变量分析。

表 19-6　2 个 4×4 拉丁方变量分析表中自由度分裂

变异来源	自由度
时期间	3
饲料间	3
猪间	7
重复	1
机误	17
总数	31

5. 交叉设计　交叉设计是指处理因素在不同个体和期别间进行对调，即在同一个试验中将试验单位分期进行，交叉反复 2 次以上的试验设计方法，也称为反转试验设计。

在畜禽的饲养试验中，当选择遗传及生理等方面相同或相似的试验动物较困难时，为了提高试验的精确度，常采用交叉设计法。常用的有 2×2 和 2×3 交叉设计。

例如，研究尿素对泌乳奶牛的饲用价值，可设置对照料 a_1 和尿素配合饲料 a_2 2 个处理，选择各方面条件相近的奶牛 6 头，随机分为 b_1 和 b_2 两组，每组 3 头，预饲期为 1 周，试验期分为Ⅰ和Ⅱ两期，可采用2×2交叉设计，设计方案见表19-7。

表19-7　2×2交叉试验设计方案

组别	时期	
	Ⅰ	Ⅱ
b_1	a_1	a_2
b_2	a_2	a_1

这种方法的优点是可消除个体和期别间的误差，能用较少的试验动物获得较高的精度。但必须满足下列条件：①忽略因子间的交互作用；②没有处理残效；③2组试畜头数应相等。

6. 正交试验设计　正交试验设计是利用正交表安排和分析多因素试验的一种设计方法。

在畜禽的饲养试验中，当需要考查多个因子，每个因子又想考查几个水平时，如果按复因子设计处理组较多，并且某些因子的某些水平又没有多大必要，可考虑使用正交试验设计。

该设计的特点是在试验的全部水平组合中有规律地选取具有代表性的部分组合进行试验，即用部分试验来代替全面试验，通过对部分试验结果的分析，了解全面试验的情况。是安排多因素试验、寻求最优水平组合的一种高效率试验设计方法，既考虑了多因子多水平，又不扩大试验规模。

正交试验设计的实施依据是根据选定的因子和水平数，合理选择正交表，然后按表列出试验方案，并使用正确的统计分析方法。由于多因子的交互作用随着因素的增加而逐渐变小，所以三因素以上的正交试验一般不考虑交互作用。

正交设计适用于多因素、多指标、试验周期较长、试验误差较大的试验，尤其适用于研究营养物质间的合理配比。

例如：研究子猪对消化能(A)、粗蛋白质(B)和赖氨酸(C)的营养需要，则消化能、蛋白质和赖氨酸为三因素，每个因素设3个水平。采用正交设计的步骤如下：

(1)确定因素和水平：子猪对消化能、粗蛋白质和赖氨酸营养需要的研究因素水平见表19-8。

表19-8　试验因素水平表

水平	因素		
	消化能	粗蛋白质	赖氨酸
1	A_1	B_1	C_1
2	A_2	B_2	C_2
3	A_3	B_3	C_3

(2)选用合适的正交表：根据确定的因素和水平以及交互作用，选用合适的正交表。本研究有3个因素和3个水平，如果不考虑交互作用，可选用$L_9(3^4)$正交表，即该研究需要设计9个试验组。

(3)表头设计：选好正交表后，就可以将确定的因素及相互作用分别排入正交表的表头适当的列上。本研究不考虑互作，可将消化能、粗蛋白质、赖氨酸依次安排在 $L_9(3^4)$ 正交表的1～3列上，第4列为空列，见表19-9。

表19-9　正交试验表头设计

列号	1	2	3	4
因素	A	B	C	

(4)列出试验方案：将选择的正交表中个因素的每列中的每个数字依次换成该因素的实际水平，即可得到正交设计试验方案，见表19-10。

表19-10　正交设计试验方案

组号	因素		
	消化能 A	粗蛋白质 B	赖氨酸 C
1	A_1	B_1	C_1
2	A_1	B_2	C_2
3	A_1	B_3	C_3
4	A_2	B_1	C_2
5	A_2	B_2	C_3
6	A_2	B_3	C_1
7	A_3	B_1	C_3
8	A_3	B_2	C_1
9	A_3	B_3	C_2

上表中共有9个试验(处理)组，每组消化能、粗蛋白质、赖氨酸的水平为与组号相对应的横排上的3个水平，如1组为 $A_1B_1C_1$；2组为 $A_1B_2C_2$；…；9组为 $A_3B_3C_2$。

第三节　畜禽饲养试验的有关规定及注意事项

一、有关饲养试验的规定

“六五”和“七五”期间，我国开始制定各类畜禽(主要包括猪、鸡、牛、和羊)饲养标准，同时对饲养试验的方法也提出了要求和建议，做了大量的饲养试验工作。

1. 鸡的饲养试验　1983年，鸡营养需要和饲料配方研究协作组在关于“鸡营养与饲养测试数据整理的规定”中，对体重、增重、产蛋能力的测试指标、产肉能力的测试指标、饲料耗用比、环境条件的记载等都作出了详细的说明。在饲养试验中，规定每个处理至少应有4个重复，每个重复至少应有30只；平衡试验中，每个重复在雏鸡阶段至少8只，在其他阶段至少应有4只；比较屠宰试验和血液指标测定试验中，每个重复至少应有4只。这些要求对饲养试验的规范化实施以及试验结果的可比性提供了重要的依据。

2. 猪的饲养试验　在制定我国猪饲养标准的同时，也对生产育肥猪、母猪、种公猪和断奶子猪的饲养试验设计提出了要求，对饲养试验程序作了较为详细的说明。在试畜的选择和分组时，要特别考虑杂种代数、胎次等因素。每处理组生长育肥猪不少于 8 头，母猪不少于 6 头，公猪不少于 4 头。断奶子猪的分组可按随机窝组或母猪配对的随机区组方法进行。总之，上述建议对试畜的选择与分组、饲养管理、测试方法等规定比较详细，但对试验设计和统计方法没有明确规范。

二、饲养试验应注意的问题

在评定饲料营养价值、筛选高效饲料配方、研究动物营养需要、比较饲养方式的优劣和鉴别动物生产性能等方面，饲养试验法历来是最常用、最可靠的一种研究手段。由于饲养试验的结果最终要推广到生产实践中去，因此，试验结果的可靠性和重演性是至关重要的 2 个方面。从试验设计到统计分析，任何一个环节失误都会产生严重的不良后果。在进行饲养试验以前要充分考虑到生物统计对试验设计的要求。这样，可根据试验目的、试畜情况以及环境条件等，制定适宜可行的试验设计方案。针对目前动物饲养试验中存在的问题，进行饲养试验应注意以下几方面：

(1)进行饲养试验时，对于试验动物的选择、试验设计、测定指标及测定方法、数据处理等应按照规范的方法进行。

(2)试验设计要在充分调查的基础上进行。根据生产中存在的问题，要在对试验的目的、任务进行仔细分析的基础上，确定对试验指标影响较大的关键因素进行研究。一个试验中研究的因素不宜过多，否则，干扰因素难以控制。

(3)根据不同课题和因素的特点及动物的反应能力确定个因素的水平。水平的数目要适当，过多会增加处理数，过少会漏掉一些好的信息，致使结果分析不全面。根据因素的特点合理设置水平间的差异。各因素水平的排列一般可采用等差法、等比法或随机法 3 种方法。

(4)试验设计时必须考虑设立比较标准的对照。畜禽饲养试验的目的是通过比较来鉴定不同处理的优劣，因此，应根据试验的目的和内容，选择不同的对照形式，如以空白做对照、不同处理互为对照、与正常(标准)值做对照、自身做对照等。

(5)应将设计方法、选择指标与统计分析有机地结合起来。根据试验目的、实施条件、精度要求等确定设计方法，要反复考虑所用方法的可能性和现实性。

对于指标的选取应满足以下几点要求：①合理性、正确性、特异性和客观性；②灵敏、无偏、技术上可靠；③能分级、能与其他指标配合，有主次之分。

对数据的统计处理持客观、主动的态度。统计分析要和设计目的及方法相互配合，明确所用方法要达到的目的是什么，能不能充分肯定或否定假设，能不能合理地解释试验现象等等。

(6)试验动物的一致性对试验的成功至关重要。试验动物力求均匀一致。为了选择各方面条件一致的动物，最好从母畜配种时就考虑其血缘、体况一致性及产子时间的同步性，同时保证有足够数量的母畜配种，以便提供较多的一致性较强的试验动物。

饲养试验一般要设置预试期，通过预饲使试验动物适应环境，对不合适的动物进行调整或淘汰，为正式试验做好准备。预试期的长短可根据具体情况，根据相关规定而定。

试验动物的数量要按有关规定确定，一般预试期的动物数量要多于正式期。

(7)除了保证试验动物的一致性,为了遵循“唯一差异的原则”,试验的环境,如温度、湿度、通风、光照等也应尽量一致。在安排试验动物时,尽可能在不同的环境区安排有每个处理的一个或几个重复。

(8)试验饲粮要符合试验设计的要求。配制饲粮的原料要标准,并要准确测定其各种营养成分的含量。如果试验时间较长,试验饲粮需要配制几次时,所需原料要一次备齐,并要妥善保管,防止变质。

现代动物营养研究中,在确定动物的必需营养因子或确定某种养分的最低需要量时,为了配制除了被考查的营养因素外,其他的营养物质都满足需要的试验饲粮,采用纯合饲粮或半纯合饲粮。纯合饲粮所有的成分都是由纯的营养素组成,如合成氨基酸、淀粉、葡萄糖等,成本较高。为了克服这些缺点,只要能满足试验的要求,可采用部分天然饲料、部分纯化饲料的半纯合饲粮。

(9)根据试验的目的,一般要对一些指标进行观察和测定。指标的测定尽量选用规范的方法,如国家标准方法,并且操作要规范、准确。如体重的测定一般是在早上空腹时,每次称重均应在同一时刻。各种指标测定的结果要注意做好记录。

(10)其他

①饲养方式:进行饲养试验,可设计为动物群饲或单饲。群饲较适合于小动物,试验动物采食较多的饲料,生产性能较高,节省人力、物力。但每头(只)的耗料无法准确统计,只能获得平均数。有时可能引起动物采食不均,增大组内误差。单饲能避免群饲的缺点,但采食量可能不足,并且试验动物体重间均匀度不够理想时,增大组内误差。

②饲喂方式:饲养试验中饲粮可采用任食和限食的饲喂方式。确定动物的营养需要、比较饲料或饲粮的差异以及其他非营养因素对生产性能的影响等饲养试验,多采用任食的方式。限食多用于评定饲料中养分的利用率和考查采食量的影响因素等饲养试验。

作业题

1. 某猪场有体重 10 kg 左右的子猪 30 头,想利用其考察某种添加剂的效果,应怎样进行试验设计?

2. 欲研究添加 0.1%赖氨酸和 0.1%蛋氨酸对 A 品种和 B 品种的肉子鸡(各 60 只)生产性能的影响,试用列表表示应如何安排分组?

3. 用 5 窝出生日期相近的子猪,每窝 4 头,来比较 4 种不同饲料配方对子猪增重的影响,试写出试验方案。

4. 欲利用拉丁方设计,研究添加 0.1%,0.2%,0.3%,0.4%的某种酶制剂,对 4 头奶牛产奶量的影响,试写出试验设计的步骤。

5. 为了确定 10~20 kg 体重的子猪日粮中赖氨酸、蛋氨酸、苏氨酸的最适比例,应采用哪种试验设计方法?试写出试验方案。

思考题

1. 畜禽饲养试验设计的要求有哪些?应遵循的原则是什么?

2. 畜禽饲养试验设计的方法有哪些?各有何特点?

附录1 国际原子量表

元素	符号	原子量	元素	符号	原子量	元素	符号	原子量
银	Ag	107.868 2	汞	Hg	200.59	铑	Rh	102.905 50
铝	Al	26.981 539	钬	Ho	164.930 32	钌	Ru	101.07
氩	Ar	39.948	碘	I	126.904 47	硫	S	32.066
砷	As	74.921 59	铟	In	114.82	锑	Sb	121.75
金	Au	196.966 54	铱	Ir	192.22	钪	Sc	44.955 910
硼	B	10.811	钾	K	39.098 3	硒	Se	78.96
钡	Ba	137.327	氪	Kr	83.80	硅	Si	28.085 5
铍	Be	9.012 182 3	镧	La	138.905 5	钐	Sm	150.36
铋	Bi	208.980 37	锂	Li	6.941	锡	Sn	118.710
溴	Br	79.904	镥	Lu	174.967	锶	Sr	87.62
碳	C	12.011	镁	Mg	24.305 0	钽	Ta	180.947 9
钙	Ca	40.078	锰	Mn	54.938 05	铽	Tb	158.925 34
镉	Cd	112.411	钼	Mo	95.94	碲	Te	127.60
铈	Ce	140.15	氮	N	14.006 747	钍	Th	232.038 1
氯	Cl	35.452 7	钠	Na	22.989 768	钛	Ti	47.88
钴	Co	58.933 20	铌	Nb	92.906 38	铊	Tl	204.383 3
铬	Cr	51.966 1	钕	Nd	144.24	铥	Tm	168.934 2
铯	Cs	132.905 43	氖	Ne	20.179 7	铀	U	238.028 9
铜	Cu	63.546	镍	Ni	58.69	钒	V	50.941 6
镝	Dy	162.50	镎	Np	237.048 2	钨	W	183.85
铒	Er	167.26	氧	O	15.999 4	氙	Xe	131.29
铕	Eu	151.965	锇	Os	190.2	钇	Y	88.905 85
氟	F	18.998 403 2	磷	P	30.973 762	镱	Yb	173.04
铁	Fe	55.847	铅	Pb	207.2	锌	Zn	65.39
镓	Ga	69.723	钯	Pd	106.4	锆	Zr	91.224
钆	Gd	157.25	镨	Pr	140.907 65			
锗	Ge	72.61	铂	Pt	195.08			
氢	H	1.007 94	镭	Ra	226.025 4			
氦	He	4.002 602	铷	Rb	85.467 8			
铪	Hf	178.49	铼	Re	186.207			

附录2 常用酸碱指示剂

指示剂	pK_a	变色范围pH值	酸色	碱色	配制方法
百里酚蓝（麝香草酚蓝）	1.65	1.2～2.8	红色	黄色	1 g·L^{-1}的20%乙醇溶液
甲基橙	3.4	3.1～4.4	红色	橙黄色	0.5 g·L^{-1}水溶液
溴甲酚绿	4.9	3.8～5.4	黄色	蓝色	1 g·L^{-1}的20%乙醇溶液或0.1 g指示剂溶于2.9 mL 0.05 mol·L^{-1} NaOH溶液，加水稀释至100 mL
甲基红	5.0	4.4～6.2	红色	黄色	1 g·L^{-1}的60%乙醇溶液
溴百里酚蓝（麝香草酚蓝）	7.3	6.2～7.3	黄色	蓝色	1 g·L^{-1}的20%乙醇溶液
中性红	7.4	6.8～8.0	红色	黄橙色	1 g·L^{-1}的60%乙醇溶液
百里酚蓝（第二变色范围）	9.2	8.0～9.6	黄色	蓝色	1 g·L^{-1}的20%乙醇溶液
酚酞	9.4	8.0～10.0	无色	红色	5 g·L^{-1}的90%乙醇溶液
百里酚蓝	10.0	9.4～10.6	无色	蓝色	1 g·L^{-1}的90%乙醇溶液

附录3 混合酸碱指示剂

指示剂组成（体积比）	变色点pH值	酸色	碱色	备注
1份1 g·L^{-1}甲基橙水溶液 1份2.5 g·L^{-1}靛蓝二磺酸钠水溶液	4.1	紫色	绿色	灯光下可滴定
1份0.2 g·L^{-1}甲基橙水溶液 1份1 g·L^{-1}溴甲酚绿钠盐水溶液	4.3	橙色	蓝紫色	pH 3.5 黄色 pH 4.05 绿黄色 pH 4.3 浅绿色
3份1 g·L^{-1}溴甲酚绿20%乙醇溶液 1份2 g·L^{-1}甲基红60%乙醇溶液	5.1	酒红色	绿色	颜色变化明显
1份2 g·L^{-1}甲基红乙醇溶液 1份1 g·L^{-1}次甲基蓝乙醇溶液	5.4	红紫色	绿色	pH 5.2 红紫色 pH 5.4 暗蓝色 pH 5.6 绿色
1份1 g·L^{-1}溴甲酚绿钠盐水溶液	6.1	黄绿色	蓝紫色	pH 5.4 蓝绿色

续附录 3

指示剂组成(体积比)	变色点 pH	酸色	碱色	备注
1 份 1 g·L^{-1} 氯酚红钠盐水溶液				pH 5.8 蓝色 pH 6.0 浅紫色 pH 6.2 蓝紫色
1 份 1 g·L^{-1} 溴甲紫钠盐水溶液	6.7	黄色	紫蓝色	pH 6.2 黄紫色
1 份 1 g·L^{-1} 溴百里酚蓝盐水溶液				pH 6.6 紫色 pH 6.8 蓝紫色
1 份 1 g·L^{-1} 中性红 60%乙醇溶液 1 份 1 g·L^{-1} 次甲基蓝 60%乙醇溶液	7.0	蓝紫色	绿色	pH 7.0 为蓝紫色时必须保存在棕色瓶中
1 份 1 g·L^{-1} 甲酚红钠盐水溶液	8.3	黄色	绿色	pH 8.2 玫瑰色
1 份 1 g·L^{-1} 百里酚蓝钠盐水溶液				pH 8.4 紫色
1 份 1 g·L^{-1} 百里酚蓝 50%乙醇溶液 1 份 1 g·L^{-1} 酚酞 50%乙醇溶液	9.0	黄色	紫色	pH 9.0 绿色

附录 4 普通酸碱溶液的配制

名称 (分子式)	密度 /ρ	质量分数 /w	近似浓度 /mol·L^{-1}	欲配溶液的浓度/mol·L^{-1}			
				6	3	2	1
				配制 1 L 溶液所需要的体积(或质量)			
盐酸(HCl)	1.18～1.19	36～38 (36.46)	12	540	270	180	90
硝酸(HNO_3)	1.39～1.40	65～68	15	381	191	128	64
硫酸(H_2SO_4)	1.83～1.84	95～98 (98.08)	18	360	180	120	60
冰醋酸(HAc)	1.05	60.05	17	358	177	118	59
磷酸(H_3PO_4)	1.69	98.00	15	39	19	12	6
氨水($NH_3 \cdot H_2O$)	0.90～0.91	28	15	400	200	134	77
氢氧化钠(NaOH)		40.00		240	120	80	40
氢氧化钾(KOH)		56.11		336.6	68.3	112.2	56.1

附录5 容量分析基准物质的干燥条件

基准物质	干燥温度和时间	基准物质	干燥温度和时间
碳酸钠(Na_2CO_3)	270～300℃,40～50 min	氯化物(NaCl)	500～650℃,干燥 40～50 min
草酸钠($Na_2C_2O_4$)	130℃,1～1.5 h	硝酸银($AgNO_3$)	室温,硫酸干燥器中至恒重
草酸($H_2C_2O_4\cdot 2H_2O$)	室温,空气干燥 2 h	碳酸钙($CaCO_3$)	120℃,干燥至恒重
四硼酸钠 ($Na_2B_4O_7\cdot 10H_2O$)	室温,在 NaCl 和蔗糖饱和液的干燥器中干燥 4 h	氧化锌(ZnO)	800℃灼烧至恒重
邻苯二酸氢钾 ($KHC_6H_4O_4$)	100～120℃,干燥至恒重	锌(Zn)	室温,干燥器 24 h 以上
重铬酸钾($K_2Cr_2O_7$)	100～110℃,干燥 3～4 h	氧化镁(MgO)	800℃灼烧至恒重

附录6 化学试剂
滴定分析(容量分析)用标准溶液的制备

1. 主题内容与适用范围

本标准规定了滴定分析(容量分析)用标准溶液的配制和标定方法。

本标准适用于制备准确浓度之溶液,应用于滴定法测定化学试剂的纯度及杂质含量,也可供其他的化工产品标准选用。

2. 引用标准

GB 603 化学试剂 试验方法中所用制剂及制品的制备。

GB 6682 实验室用水规格。

GB 9725 化学试剂 电位滴定法通则。

3. 一般规定

3.1 本标准中所用水,在没有注明其他要求时,应符合 GB 6682 中三级水的规格。

3.2 本标准中所用试剂的纯度都在分析纯以上。

3.3 工作中所用分析天平的砝码、滴定管、容量瓶移液管均需定期校正。

3.4 本标准中标定时所用的基准试剂为容量分析工作基准试剂;制备标准溶液时所用试剂为分析纯以上试剂。

3.5 本标准中所制备的标准溶液的浓度均指 20℃时的浓度。在标定和使用时,如温度有差异,应按附录 A(补充件)补正。

3.6 "标定"或"比较"标准溶液浓度时,平行试验不得少于 8 次,2 人各做 4 个平行,每人 4 个平行测定结果的极差与平均值之比不得大于 0.1%。2 人测定结果平均值之差不得大于 0.1%,结果取平均值。浓度值取 4 位有效数字。

3.7 本标准中凡规定用"标定"或"比较"2 种方法测定浓度时,不得略去其中任何一种，且2种方法测得的浓度之差不得大于0.2%，以标定结果为准。

3.8 制备标准溶液浓度与规定浓度相对误差不得大于5%。

3.9 配制浓度等于或低于0.02 $mol \cdot L^{-1}$ 标准溶液时，应于临用前将浓度高的标准溶液用煮沸并冷却的水稀释，必要时重新标定。

3.10 碘量法反应时，溶液浓度不能过高，一般在15～20℃之间进行滴定。

3.11 滴定分析（容量分析）用标准溶液在室温（15～25℃）下，保存时间一般不得超过2个月。

4.标准溶液的配制和标定

4.1 氢氧化钠标准溶液

$c(NaOH)=1\ mol \cdot L^{-1}$

$c(NaOH)=0.5\ mol \cdot L^{-1}$

$c(NaOH)=0.1\ mol \cdot L^{-1}$

4.1.1 配制

称取100 g氢氧化钠，溶于100 mL水中，摇匀，注入聚乙烯容器中，密闭放置至溶液清亮。用塑料管虹吸下述规定体积的上层清夜，注入1 000 mL无二氧化碳的水中，摇匀。

$c(NaOH)/\ mol \cdot L^{-1}$	氢氧化钠饱和溶液/mL
1	52
0.5	26
0.1	5

4.1.2 标定

4.1.2.1 测定方法

称取下述规定量的于105～110℃烘至恒重的基准邻苯二甲酸氢钾，称准至0.000 1 g，溶于下述规定体积的无二氧化碳的水中，加2滴酚酞指示液（10 $g \cdot L^{-1}$），用配制好的氢氧化钠溶液滴定至溶液呈粉红色，同时做空白试验。

$c(NaOH)/\ mol \cdot L^{-1}$	基准邻苯二甲酸氢钾/g	无二氧化碳的水/mL
1	6	80
0.5	3	80
0.1	0.6	50

4.1.2.2 计算

氢氧化钠标准溶液浓度按式(1)计算：

$$c(NaOH)=m/[(V_1-V_2)\times 0.204\ 2] \quad (1)$$

式中：$c(NaOH)$为氢氧化钠标准溶液之物质的量浓度，$mol \cdot L^{-1}$；m 为邻苯二甲酸氢钾之质量，g；V_1 为氢氧化钠溶液之用量，mL；V_2 为空白试验氢氧化钠溶液之用量，mL；0.204 2为与1.00 mL氢氧化钠溶液[$c(NaOH)=1.000\ mol \cdot L^{-1}$]相当的以克表示的邻苯二甲酸氢钾的质量。

4.1.3 比较

4.1.3.1 测定方法

量取30.00～35.00 mL下述规定浓度的盐酸标准溶液，加50 mL无二氧化碳的水及2滴酚酞指示液（10 g·L^{-1}），用配制好的氢氧化钠溶液滴定，近终点时加热至80℃，继续滴定至溶液呈粉红色。

$c(NaOH)/ mol\cdot L^{-1}$	$c(HCl)/ mol\cdot L^{-1}$
1	1
0.5	0.5
0.1	0.1

4.1.3.2 计算

氢氧化钠标准溶液浓度按式（2）计算：

$$c(NaOH)=V_1\cdot c_1/V \quad (2)$$

式中：$c(NaOH)$为氢氧化钠标准溶液之物质的量浓度，mol·L^{-1}；V_1为盐酸标准溶液之用量，mL；c_1为盐酸标准溶液之物质的量浓度，mol·L^{-1}；V为氢氧化钠溶液之用量，mL。

4.2 盐酸标准溶液

$c(HCl)=1\ mol\cdot L^{-1}$

$c(HCl)=0.5\ mol\cdot L^{-1}$

$c(HCl)=0.1\ mol\cdot L^{-1}$

4.2.1 配制

量取下述规定体积的盐酸，注入1 000 mL水中，摇匀。

$c(HCl)/ mol\cdot L^{-1}$	盐酸/mL
1	90
0.5	45
0.1	9

4.2.2 标定

4.2.2.1 测定方法

称取下述规定量的于270～300℃灼烧至恒重的基准无水碳酸钠，称准至0.000 1 g。溶于50 mL水中，加10滴溴甲酚绿-甲基红混合指示液，用配制好的盐酸溶液滴定至溶液由绿色变为暗红色，煮沸2 min，冷却后继续滴定至溶液呈暗红色。同时做空白试验。

$c(NaOH)/ mol\cdot L^{-1}$	基准无水碳酸钠/g
1	1.6
0.5	0.8
0.1	0.2

4.2.2.2 计算

盐酸标准溶液浓度按式(3)计算：

$$c(HCl)=m/[(V_1-V_2)\times 0.052\ 99] \quad (3)$$

式中：c(HCl)为盐酸标准溶液之物质的量浓度，mol·L^{-1}；m 为无水碳酸钠之质量，g；V_1 为盐酸溶液之用量，mL；V_2 为空白试验盐酸溶液之用量，mL；0.052 99 为与 1.00 mL 盐酸标准溶液[c(HCl)＝1.000 mol·L^{-1}]相当的以克表示的无水碳酸钠的质量。

4.2.3 比较

4.2.3.1 测定方法

量取 30.00～35.00 mL 下述配制好的盐酸溶液，加入 50 mL 无二氧化碳的水及 2 滴酚酞指示液(10 g·L^{-1})，用下述规定浓度的氢氧化钠标准溶液滴定，近终点时加热至 80℃，继续滴定至溶液呈粉红色。

c(HCl)/ mol·L^{-1}	c(NaOH)/ mol·L^{-1}
1	1
0.5	0.5
0.1	0.1

4.2.3.2 计算

盐酸标准溶液浓度按式(4)计算：

$$c(HCl)=V_1\cdot c_1/V \quad (4)$$

式中：c(HCl)为盐酸标准溶液之物质的量浓度，mol·L^{-1}；V_1 为氢氧化钠标准溶液之用量，mL；c_1 为氢氧化钠标准溶液之物质的量浓度，mol·L^{-1}；V 为盐酸溶液之用量，mL。

4.3 硫酸标准溶液

$c(1/2H_2SO_4)$＝1 mol·L^{-1}

$c(1/2H_2SO_4)$＝0.5 mol·L^{-1}

$c(1/2H_2SO_4)$＝0.1 mol·L^{-1}

4.3.1 配制

量取下述规定体积的硫酸，缓缓注入 1 000 mL 水中，冷却，摇匀。

$c(1/2H_2SO_4)$/ mol·L^{-1}	硫酸/mL
1	30
0.5	15
0.1	3

4.3.2 标定

4.3.2.1 测定方法

称取下述规定量的于 270～300℃灼烧至恒重的基准无水碳酸钠，称准至 0.000 1 g。溶于 50 mL 水中，加 10 滴溴甲酚绿-甲基红混合指示液，用配制好的硫酸溶液滴定至溶液由绿

$c(1/2H_2SO_4)$/ mol·L^{-1}	基准无水碳酸钠/g
1	1.6
0.5	0.8
0.1	0.2

色变为暗红色，煮沸 2 min，冷却后继续滴定至溶液再呈暗红色。同时做空白试验。

4.3.2.2 计算

硫酸标准溶液浓度按式(5)计算：

$$c(1/2H_2SO_4)=m/[(V_1-V_2)\times 0.05299] \quad (5)$$

式中：$c(1/2H_2SO_4)$为硫酸标准溶液之物质的量浓度，mol·L^{-1}；m 为无水碳酸钠之质量，g；V_1 为硫酸溶液之用量，mL；V_2 为空白试验硫酸溶液之用量，mL；0.052 99 为与 1.00 mL 硫酸标准溶液[$c(1/2H_2SO_4)=1.000$ mol·L^{-1}]相当的以克表示的无水碳酸钠的质量。

4.3.3 比较

4.3.3.1 测定方法

量取 30.00～35.00 mL 下述配制好的硫酸溶液，加入 50 mL 无二氧化碳的水及 2 滴酚酞指示液(10 g·L^{-1})，用下述规定浓度的氢氧化钠标准溶液滴定，近终点时加热至 80℃，继续滴定至溶液呈粉红色。

$c(1/2H_2SO_4)$/ mol·L^{-1}	$c(NaOH)$/ mol·L^{-1}
1	1
0.5	0.5
0.1	0.1

4.3.3.2 计算

硫酸标准溶液浓度按式(6)计算：

$$c(1/2H_2SO_4)=V_1\cdot c_1/V \quad (6)$$

式中：$c(1/2H_2SO_4)$为硫酸标准溶液之物质的量浓度，mol·L^{-1}；V_1 为氢氧化钠标准溶液之用量，mL；c_1 为氢氧化钠标准溶液之物质的量浓度，mol·L^{-1}；V 为硫酸溶液之用量，mL。

4.4 碳酸钠标准溶液

$c(1/2Na_2CO_3)=1$ mol·L^{-1}

$c(1/2Na_2CO_3)=0.1$ mol·L^{-1}

4.4.1 配制

称取下述规定量的无水碳酸钠，注入 1 000 mL 水中，摇匀。

$c(1/2Na_2CO_3)$/ mol·L^{-1}	无水碳酸钠/g
1	53
0.1	5.3

4.4.2 标定

4.4.2.1 测定方法

量取30.00～35.00 mL下述配制好的碳酸钠溶液，加入下述规定量的水，加10滴溴甲酚绿-甲基红混合指示液，用下述规定浓度的盐酸标准溶液滴定至溶液由绿色变为暗红色，煮沸2 min，冷却后继续滴定至溶液再呈红色。

$c(1/2Na_2CO_3)$/ mol·L^{-1}	水/mL	$c(HCl)$/ mol·L^{-1}
1	50	1
0.1	20	0.1

4.4.2.2 计算

碳酸钠标准溶液浓度按式(7)计算：

$$c(1/2Na_2CO_3)=V_1 \cdot c_1/V \quad (7)$$

式中：$c(1/2Na_2CO_3)$为碳酸钠标准溶液之物质的量浓度，mol·L^{-1}；V_1为盐酸标准溶液之用量，mL；c_1为盐酸标准溶液之物质的量浓度，mol·L^{-1}；V为碳酸钠溶液之用量，mL。

4.5 重铬酸钾标准溶液

$$c(1/6K_2Cr_2O_7)=0.1\ mol \cdot L^{-1}$$

4.5.1 配制

称取5 g重铬酸钾，溶于1 000 mL水中，摇匀。

4.5.2 标定

4.5.2.1 测定方法

量取30.00～35.00 mL配制好的重铬酸钾溶液[$c(1/6K_2Cr_2O_7)=0.1$ mol·L^{-1}]，置于碘量瓶中，加2 g碘化钾及20 mL硫酸溶液(20%)，摇匀，于暗处放置10 min。加150 mL水中，用硫代硫酸钠标准溶液[$c(Na_2S_2O_3)=0.1$ mol·L^{-1}]滴定，近终点时加3 mL淀粉指示液(5 g·L^{-1})，继续滴定至溶液由蓝色变为亮绿色。同时做空白试验。

4.5.2.2 计算

重铬酸钾标准溶液浓度按式(8)计算：

$$c(1/6K_2Cr_2O_7)=(V_1-V_2) \cdot c_1/V \quad (8)$$

式中：$c(1/6K_2Cr_2O_7)$为重铬酸钾标准溶液之物质的量的浓度，mol·L^{-1}；V_1为硫代硫酸钠标准溶液之用量，mL；V_2为空白试验硫代硫酸钠标准溶液之用量，mL；c为硫代硫酸钠标准溶液之物质的量浓度，mol·L^{-1}；V为重铬酸钾溶液之用量，mL。

4.6 硫代硫酸钠标准溶液

$$c(Na_2S_2O_3)=0.1\ mol \cdot L^{-1}$$

4.6.1 配制

称取26 g硫代硫酸钠($Na_2S_2O_3 \cdot H_2O$)(或16 g无水硫代硫酸钠)，溶于1 000 mL水中，缓缓煮沸10 min，冷却。放置2周后过滤备用。

4.6.2 标定

4.6.2.1 测定方法

称取0.15 g于120℃烘至恒重的基准重铬酸钾，称准至0.001 g，置于碘量瓶中，溶于25 mL水，加2 g碘化钾及20 mL硫酸溶液(20%)，摇匀，于暗处放置10 min。加150 mL水，用配制好的流代硫酸钠[$c(Na_2S_2O_3)=0.1\ mol\cdot L^{-1}$]滴定。近终点时加3 mL淀粉指示液($5\ g\cdot L^{-1}$)，继续滴定至溶液由蓝色变为亮绿色。同时做空白试验。

4.6.2.2 计算

硫代硫酸钠标准溶液浓度按式(9)计算：

$$c(Na_2S_2O_3)=m/[(V_1-V_2)\times 0.049\ 03] \tag{9}$$

式中：$c(Na_2S_2O_3)$为硫代硫酸钠标准溶液之物质的量的浓度，$mol\cdot L^{-1}$；m为重铬酸钾之质量，g；V_1为硫代硫酸钠标准溶液之用量，mL；V_2为空白试验硫代硫酸钠标准溶液之用量，mL；c为硫代硫酸钠标准溶液之物质的量浓度，$mol\cdot L^{-1}$；0.049 03为1.00 mL硫代硫酸钠标准溶液[$c(Na_2S_2O_3)=1.0\ mol\cdot L^{-1}$]相当的以克表示的重铬酸钾的质量。

4.6.3 比较

4.6.3.1 测定方法

准确量取30.00～35.00 mL碘标准溶液[$c(1/2I_2)=1.0\ mol\cdot L^{-1}$]置于碘量瓶中，加150 mL水，用配置好的硫代硫酸钠溶液[$c(Na_2S_2O_3)=0.1\ mol\cdot L^{-1}$]滴定，近终点时加3 mL淀粉指示液($5\ g\cdot L^{-1}$)，继续滴定至溶液蓝色消失。

同时做水所消耗碘的空白试验：取250 mL水，加0.05 mL碘标准溶液[$c(1/2I_2)=1.0\ mol\cdot L^{-1}$]及3 mL淀粉指示液($5\ g\cdot L^{-1}$)，用配制好的硫代硫酸钠溶液[$c(Na_2S_2O_3)=0.1\ mol\cdot L^{-1}$]滴定，滴定至溶液由蓝色消失。

4.6.3.2 计算

硫代硫酸钠标准溶液浓度按式(10)计算：

$$c(Na_2S_2O_3)=(V_1-0.05)\times c_1/(V-V_2) \tag{10}$$

式中：$c(Na_2S_2O_3)$为硫代硫酸钠标准溶液之物质的量的浓度，$mol\cdot L^{-1}$；V_1为碘标准溶液之用量，mL；c_1为碘标准溶液之物质的量浓度，$mol\cdot L^{-1}$；V为硫代硫酸钠溶液之用量，mL；V_2为空白试验硫代硫酸钠溶液之用量，mL；0.05为空白试验中加入碘标准溶液之用量，mL。

4.7 溴标准溶液

$$c(1/6KBrO_3)=0.1\ mol\cdot L^{-1}$$

4.7.1 配制

称取3 g溴酸钾及25 g溴化钾，溶于1 000 mL水中，摇匀。

4.7.2 标定

4.7.2.1 测定方法

量取30.00～35.00 mL配制好的溴溶液[$c(1/6KBrO_3)=0.1\ mol\cdot L^{-1}$]，置于碘量瓶

中，加 2 g 碘化钾及 5 mL 盐酸溶液(20%)，摇匀。于暗处放置 5 min。加 150 mL 水，用硫代硫酸钠标准溶液[$c(Na_2S_2O_3)=0.1\ mol\cdot L^{-1}$]滴定，近终点时加 3 mL 淀粉指示液($5\ g\cdot L^{-1}$)，继续滴定至溶液由蓝色变为亮绿色。同时做空白试验。

4.7.2.2 计算

溴标准溶液浓度按式(11)计算：

$$c(1/6KBrO_3)=(V_1-V_2)\times c_1/V \tag{11}$$

式中：$c(1/6KBrO_3)$为溴标准溶液之物质的量的浓度，$mol\cdot L^{-1}$；V_1 为硫代硫酸钠标准溶液之用量，mL；V_2 为空白试验硫代硫酸钠标准溶液之用量，mL；c_1 为硫代硫酸钠标准溶液之物质的量浓度，$mol\cdot L^{-1}$；V 为溴溶液之用量，mL。

4.8 溴酸钾标准溶液

$$c(1/6KBrO_3)=0.1\ mol\cdot L^{-1}$$

4.8.1 配制

称取 3 g 溴酸钾，溶于 1 000 mL 水中，摇匀。

4.8.2 标定

4.8.2.1 测定方法

量取 30.00～35.00 mL 配制好的溴酸钾溶液[$c(1/6KBrO_3)=0.1\ mol\cdot L^{-1}$]，置于碘量瓶中，加 2 g 碘化钾及 5 mL 盐酸溶液(20%)，摇匀。于暗处放置 5 min。加 150 mL 水，用硫代硫酸钠标准溶液[$c(Na_2S_2O_3)=0.1\ mol\cdot L^{-1}$]滴定，近终点时加 3 mL 淀粉指示液($5\ g\cdot L^{-1}$)，滴定至溶液蓝色消失。同时做空白试验。

4.8.2.2 计算

溴酸钾标准溶液浓度按式(12)计算：

$$c(1/6KBrO_3)=(V_1-V_2)\times c_1/V \tag{12}$$

式中：$c(1/6KBrO_3)$为溴酸钾标准溶液之物质的量的浓度，$mol\cdot L^{-1}$；V_1 为硫代硫酸钠标准溶液之用量，mL；V_2 为空白试验硫代硫酸钠标准溶液之用量，mL；c_1 为硫代硫酸钠标准溶液之物质的量浓度，$mol\cdot L^{-1}$；V 为溴酸钾溶液之用量，mL。

4.9 碘标准溶液

$$c(1/2I_2)=0.1\ mol\cdot L^{-1}$$

4.9.1 配制

称取 13 g 碘及 35 g 碘化钾，溶于 100 mL 水中，稀释至 1 000 mL，摇匀，保持存放于棕色具塞瓶中。

4.9.2 标定

4.9.2.1 测定方法

称取 0.15 g 预先在硫酸干燥器中干燥至恒重的基准三氧化二砷，称准至 0.000 1 g。置于碘量瓶中，加 4 mL 氢氧化钠溶液[$c(NaOH)=1\ mol\cdot L^{-1}$]溶液，加 50 mL 水，加 2 滴酚酞指示液($10\ g\cdot L^{-1}$)，用硫酸溶液[$c(1/2H_2SO_4)=1\ mol\cdot L^{-1}$]中和，加 3 g 碳酸氢钠及 3 mL 淀粉指示液($5\ g\cdot L^{-1}$)，用配制好的碘溶液[$c(1/2I_2)=0.1\ mol\cdot L^{-1}$]滴定至溶液

呈浅蓝色。同时做空白试验。

4.9.2.2 计算

碘标准溶液浓度按式(13)计算：

$$c(1/2I_2)=m/[(V_1-V_2)\times 0.049\ 46] \tag{13}$$

式中：$c(1/2I_2)$为碘标准溶液之物质的量的浓度，$mol\cdot L^{-1}$；m为三氧化二砷质量，g；V_1为碘溶液之用量，mL；V_2为空白试验碘溶液之用量，mL；0.049 46为1.00 mL碘标准溶液[$c(1/2I_2)=1.000\ mol\cdot L^{-1}$]相当的以克表示的三氧化二砷的质量。

4.9.3 比较

4.9.3.1 测定方法

准确量取30.00～35.00 mL配制好的碘溶液[$c(1/2I_2)=0.1\ mol\cdot L^{-1}$]至于碘量瓶中，加150 mL水中，用硫代硫酸钠标准溶液[$c(Na_2S_2O_3)=0.1\ mol\cdot L^{-1}$]滴定，近终点时加3 mL淀粉指示液(5 $g\cdot L^{-1}$)，继续滴定至溶液蓝色消失。

同时做水所消耗碘的空白试验：取250 mL水，加0.05 mL配制好的碘溶液[$c(1/2I_2)=0.1\ mol\cdot L^{-1}$] 3 mL淀粉指示液(5 $g\cdot L^{-1}$)，用硫代硫酸钠标准溶液[$c(Na_2S_2O_3)=0.1\ mol\cdot L^{-1}$]滴定至溶液蓝色消失。

4.9.3.2 计算

碘标准溶液浓度按(14)计算：

$$c(1/2I_2)=(V-V_2)\cdot c_1/(V_1-0.05) \tag{14}$$

式中：$c(1/2I_2)$为硫代硫酸钠之物质的量的浓度，$mol\cdot L^{-1}$；V为硫代硫酸钠标准溶液之用量，mL；V_2为空白试验硫代硫酸钠标准溶液之用量，mL；c_1为硫代硫酸钠标准溶液之物质的量浓度，$mol\cdot L^{-1}$；V_1为碘溶液之用量，mL。0.05为空白试验中加入碘溶液之用量，mL。

4.10 碘酸钾标准溶液

$$c(1/6KIO_3)=0.3\ mol\cdot L^{-1}$$

$$c(1/6KIO_3)=0.1\ mol\cdot L^{-1}$$

4.10.1 配制

称取下述规定量的碘酸钾，溶于1 000 mL，摇匀。

$c(1/6KIO_3)/\ mol\cdot L^{-1}$	碘酸钾/g
0.3	11
0.1	3.6

4.10.2 标定

4.10.2.1 测定方法

按下述规定体积量取配制好的碘酸钾溶液，置于碘量瓶中，加规定体积的水及规定量的碘化钾，加5 mL盐酸溶液(20%)，摇匀，于暗处放置5 min。加150 mL水，用硫代硫酸钠标准溶液[$c(Na_2S_2O_3)=0.1\ mol\cdot L^{-1}$]滴定，近终点时加3 mL淀粉指示液(5 $g\cdot L^{-1}$)，继续滴定至溶液蓝色消失。同时做空白试验。

$c(1/6KIO_3)$/ mol · L^{-1}	碘酸钾/mL	水/mL	碘化钾/g
0.3	11.00～13.00	20	3
0.1	30.00～35.00	0	2

4.10.2.2 计算

碘酸钾标准溶液浓度按式(15)计算：

$$c(1/6KIO_3)=(V_1-V_2)\cdot c_1/V \tag{15}$$

式中：$c(1/6KIO_3)$为碘酸钾标准溶液之物质的量的浓度，mol · L^{-1}；V_1 为硫代硫酸钠标准溶液之用量，mL；V_2 为空白试验硫代硫酸钠标准溶液之用量，mL；c_1 为硫代硫酸钠标准溶液之物质的量浓度，mol · L^{-1}；V 为碘酸钾溶液之用量，mL。

4.11 草酸标准溶液

$$c(1/2C_2H_2O_4)=0.1\ mol\cdot L^{-1}$$

4.11.1 配制

称取 6.4 g 草酸($C_2H_2O_4\cdot 2H_2O$)，溶于 1 000 mL 水中，摇匀。

4.11.2 标定

4.11.2.1 测定方法

量取 30.00～35.00 mL 配制好的草酸溶液[$c(1/2C_2H_2O_4)=0.1$ mol · L^{-1}]，加 100 mL 硫酸溶液(8＋92)，用高锰酸钾标准溶液[$c(1/5KMnO_4)=0.1$ mol · L^{-1}]滴定，近终点时加热至 65℃，继续滴定至溶液呈粉红色保持 30 s。同时做空白试验。

4.11.2.2 计算

草酸标准溶液浓度按式(16)计算：

$$c(1/2C_2H_2O_4)=(V_1-V_2)\cdot c_1/V \tag{16}$$

式中：$c(1/2C_2H_2O_4)$为草酸标准溶液之物质的量的浓度，mol · L^{-1}；V_1 为高锰酸钾标准溶液之用量，mL；V_2 为空白试验高锰酸钾标准溶液之用量，mL；c_1 为高锰酸钾标准溶液之物质的量浓度，mol · L^{-1}；V 为草酸溶液之用量，mL。

4.12 高锰酸钾标准溶液

$$c(1/5KMnO_4)=0.1\ mol\cdot L^{-1}$$

4.12.1 配制

称取 3.3 g 高锰酸钾，溶于 1 050 mL 水中，缓缓煮沸 15 min，冷却后置于暗处保存 2 周。用玻璃滤埚过滤于干燥的棕色瓶中。

注：过滤高锰酸钾溶液所使用的 4 号玻璃滤埚预先应以同样的高锰酸钾溶液缓缓煮沸 5 min，收集瓶也要用此高锰酸钾溶液洗涤 2 或 3 次。

4.12.2.1 测定方法

称取 0.2 g 于 105～110℃烘至恒重的基准草酸钠，称准至 0.000 1 g。溶于 100 mL 硫酸溶液中，用配制好的高锰酸钾[$c(1/5KMnO_4)=0.1$ mol · L^{-1}]滴定，近终点时加热 65℃，继续滴定至溶液呈粉红色保持 30 s。同时做空白试验。

4.12.2.2 计算

高锰酸钾标准溶液浓度按式(17)计算：

$$c(1/5KMnO_4)=m/[(V_1-V_2)\times 0.06700] \quad (17)$$

式中：$c(1/5KMnO_4)$为高锰酸钾标准溶液之物质的量的浓度，$mol \cdot L^{-1}$；m 为草酸钠之质量，g；V_1 为高锰酸钾溶液之用量，mL；V_2 为空白试验高锰酸钾溶液之用量，mL；0.067 00 为 1.00 mL 高锰酸钾标准溶液[$c(1/5KMnO_4)=1.000\ mol \cdot L^{-1}$]相当的以克表示的草酸钠的质量。

4.12.3 比较

4.12.3.1 测定方法

量取 30.00～35.00 mL 配制好的高锰酸钾溶液[$c(1/5KMnO_4)=0.1\ mol \cdot L^{-1}$]置于碘量瓶加 2 g 碘化钾及 20 mL 硫酸溶液(20%)，摇匀，于暗处放置 5 min。加 150 mL 水，用硫代硫酸钠标准溶液[$c(Na_2S_2O_3)=0.1\ mol \cdot L^{-1}$]滴定，近终点时加 3 mL 淀粉指示液($5\ g \cdot L^{-1}$)，继续滴定至溶液蓝色消失。同时做空白试验。

4.12.3.2 计算

高锰酸钾标准溶液浓度按式(18)计算：

$$c(1/5KMnO_4)=(V_1-V_2)\cdot c_1/V \quad (18)$$

式中：$c(1/5KMnO_4)$为高锰酸钾标准溶液之物质的量的浓度，$mol \cdot L^{-1}$；V_1 为硫代硫酸钠标准溶液之用量，mL；V_2 为空白试验硫代硫酸钠标准溶液之用量，mL；c_1 为硫代硫酸钠标准溶液之物质的量浓度，$mol \cdot L^{-1}$；V 为高锰酸钾溶液之用量，mL。

4.13 硫酸亚铁铵溶液

4.13.1 配制

称取 40 g 硫酸亚铁铵[$(NH_4)_2Fe(SO_4)_2\cdot 6H_2O$]溶于 300 mL 硫酸溶液(20%)中，加 700 mL 水中，摇匀。

4.13.2 标定

4.13.2.1 测定方法

量取 30.00～35.00 mL 配制好的硫酸亚铁铵溶液{$c[(NH_4)_2Fe(SO_4)_2]=0.1\ mol \cdot L^{-1}$}，加 25 mL 无氧的水，用高锰酸钾标准溶液[$c(1/5KMnO_4)=0.1\ mol \cdot L^{-1}$]滴定至溶液呈粉红色，保持 30 s。

4.13.2.2 计算

硫酸亚铁铵标准溶液浓度按式(19)计算：

$$c[(NH_4)_2Fe(SO_4)_2]=V_1\cdot c_1/V \quad (19)$$

式中：$c[(NH_4)_2Fe(SO_4)_2]$为硫酸亚铁铵标准溶液之物质的量浓度，$mol \cdot L^{-1}$；V_1 为高锰酸钾标准溶液之用量，mL；c_1 为高锰酸钾标准溶液之物质的量浓度，$mol \cdot L^{-1}$；V 为硫酸亚铁铵溶液之用量，mL。

注：本标准溶液使用前标定。

4.14 硫酸铈(或硫酸铈铵)标准溶液

$$c[Ce(SO_4)_2]=0.1\ mol \cdot L^{-1}$$

4.14.1 配制

称取 40 g 硫酸铈[$Ce(SO_4)_2 \cdot 4H_2O$]{或 67 g 硫酸铈铵[$2(NH_4)_2SO_4 \cdot 4H_2O$]}，加 31 mL 水及 28 mL 硫酸，再加 300 mL 水，加热溶解，再加入 650 mL 水，摇匀。

4.14.2 标定

4.14.2.1 测定方法

称取 0.2 g 于 105～110℃烘至恒重的基准草酸钠，称准至 0.000 1 g。溶于 75 mL 水中，加 4 mL 硫酸溶液(20%)及 10 mL 盐酸，加热至 65～70℃，用配制好的硫酸铈(或硫酸铈铵)溶液{$c[Ce(SO_4)_2]=0.1\ mol \cdot L^{-1}$}滴定至溶液呈浅黄色。加入 3 滴亚铁-邻菲罗啉指示液①使溶液变为橘红色，继续滴定至溶液呈浅蓝色。同时做空白试验。

4.14.2.2 计算

硫酸铈(或硫酸铈铵)标准溶液按式(20)计算：

$$c[Ce(SO_4)_2]=m/[(V_1-V_2)\times 0.067\ 00] \qquad (20)$$

式中：$c[Ce(SO_4)_2]$为硫酸铈标准溶液之物质的量浓度，$mol \cdot L^{-1}$；m 为草酸钠质量，g；V_1 为硫酸铈溶液之用量，mL；V_2 为空白试验硫酸铈溶液之用量，mL；0.067 00 为与 1.00 mL 硫酸铈标准溶液{$c[Ce(SO_4)_2]=0.1\ mol \cdot L^{-1}$}相当的以克表示草酸钠的质量。

4.14.3 比较

4.14.3.1 测定方法

量取 30.00～35.00 mL 配制好的硫酸铈(或硫酸铈铵)溶液{$c[Ce(SO_4)_2]=0.1\ mol \cdot L^{-1}$}置于碘量瓶中，加 2 g 碘化钾及 20 mL 硫酸溶液(20%)，摇匀，于暗处放置 5 min。加 150 mL 水，用硫代硫酸钠标准溶液[$c(Na_2S_2O_3)=0.1\ mol \cdot L^{-1}$]滴定近终点时加 3 mL 淀粉指示液($5\ g \cdot L^{-1}$)，继续滴定至溶液蓝色消失。同时做空白试验。

4.14.3.2 计算

硫酸铈(或硫酸铈铵)标准溶液浓度按式(21)计算：

$$c[Ce(SO_4)_2]=(V_1-V_2)\cdot c_1/V \qquad (21)$$

式中：$c[Ce(SO_4)_2]$为硫酸铈标准溶液之物质的量浓度，$mol \cdot L^{-1}$；V_1 为硫代硫酸钠标准溶液之用量，mL；V_2 为空白试验硫代硫酸钠标准溶液之用量，mL；c_1 为硫代硫酸钠标准溶液之物质的量浓度，$mol \cdot L^{-1}$；V 为硫酸铈溶液用量，mL。

4.15 乙二胺四乙酸二钠标准溶液

$c(EDTA)=0.1\ mol \cdot L^{-1}$

$c(EDTA)=0.05\ mol \cdot L^{-1}$

$c(EDTA)=0.02\ mol \cdot L^{-1}$

---

①亚铁-邻菲罗啉指示液的配制：称取 0.7 g 硫酸亚铁($FeSO_4 \cdot 7H_2O$)置于小烧杯中，加 30 mL 硫酸溶液[$c(1/2\ H_2SO_4)=0.02\ mol \cdot L^{-1}$]溶液，再加入 1.5 g 邻菲罗啉振摇溶解后，用硫酸溶液[$c(1/2\ H_2SO_4)=0.02\ mol \cdot L^{-1}$]冲稀至 $100\ mol \cdot L^{-1}$。

4.15.1 配制

称取下述规定量的乙二胺四乙酸二钠，加热溶于1 000 mL水中，冷却，摇匀。

c(EDTA)/ mol·L^{-1}	乙二胺四乙酸二钠/g
0.1	40
0.05	20
0.02	8

4.15.2 标定

4.15.2.1 测定方法

(1)取于约800℃灼烧至恒重的基准氧化锌0.12 g，准确称定，加稀盐酸3 mL使之溶解，加水25 mL，加0.025%甲基红的乙醇溶液1滴，滴加氨试液至溶液呈微黄色，加水25 mL与氨-氯化铵缓冲液(pH值为10.0)10 mL，再加铬黑T指示剂少量，用本液滴定至溶液由紫色变成纯蓝色，并将滴定的结果用空白试验校正。根据本液的消耗量与氧化锌的取用量，算出本液的浓度。

(2)乙二胺四乙酸二钠标准溶液[c(EDTA)=0.05 mol·L^{-1}，c(EDTA)=0.02 mol·L^{-1}]：称取下述规定量的于800℃灼烧至恒重的基准氧化锌，称准至0.000 2 g。用少量水润湿，加盐酸溶液(20%)至样品溶解，移入250 mL容量瓶中，稀释至刻度，摇匀。量取30.00～35.00 mL，加入700 mL水，用氨水溶液(10%)中和至pH 7～8，加10 mL氨-氯化铵缓冲溶液甲(pH=10)及5滴铬黑T指示液(5 g·L^{-1})，用配制好的乙二胺四乙酸二钠溶液滴定至溶液由紫色变为纯蓝色。同时做空白试验。

c(EDTA)/ mol·L^{-1}	基准氧化锌/g
0.05	1
0.02	0.4

4.15.2.2 计算

乙二胺四乙酸二钠标准溶液浓度按式(22)计算：

$$c(\mathrm{EDTA})=m/[(V_1-V_2)\times 0.081\,38] \tag{22}$$

式中：c(EDTA)为乙二胺四乙酸二钠标准溶液之物质的量浓度，mol·L^{-1}；m为氧化锌之质量，g；V_1为乙二胺四乙酸二钠溶液之用量，mL；V_2为空白试验乙二胺四乙酸二钠溶液之用量，mL；0.081 38为与1.00 mL乙二胺四乙酸二钠标准溶液[c(EDTA)=1.000 mol·L^{-1}]相当的以克表示的氧化锌的质量。

4.16 氯化锌标准溶液

$c(ZnCl_2)=0.1$ mol·L^{-1}

4.16.1 配制

称取14 g氯化锌，溶于1 000 mL盐酸溶液(0.05%)中，摇匀。

4.16.2 标定

4.16.2.1 测定方法

量取 30.00～35.00 mL 配制好的氯化锌溶液[$c(ZnCl_2)=0.1\ mol\cdot L^{-1}$]，加入 70 mL 水及 10 mL 氨-氯化铵缓冲溶液甲(pH=10)及 5 滴铬黑 T 指示液($5\ g\cdot L^{-1}$)，用乙二胺四乙酸二钠标准溶液[$c(EDTA)=0.1\ mol\cdot L^{-1}$]滴定至溶液由紫色变为纯蓝色。同时做空白试验。

4.16.2.2 计算

氯化锌标准溶液浓度按式(23)计算：

$$c(ZnCl_2)=(V_1-V_2)\cdot c_1/V \tag{23}$$

式中：$c(ZnCl_2)$为氯化锌标准溶液之物质的量浓度，$mol\cdot L^{-1}$；V_1 为乙二胺四乙酸二钠标准溶液之用量，mL；V_2 为空白试验乙二胺四乙酸二钠标准溶液之用量，mL；c_1 为乙二胺四乙酸二钠标准溶液之物质的量浓度，$mol\cdot L^{-1}$；V 为氯化锌溶液之用量，mL。

4.17 氯化镁(或硫酸镁)标准溶液

$$c(MgCl_2)=0.1\ mol\cdot L^{-1}$$

4.17.1 配制

氯化镁($MgCl_2\cdot 6H_2O$)[或 25 g 硫酸镁($MgSO_4\cdot 7H_2O$)]溶于 1 000 mL 盐酸(0.5∶999.5)(体积比)中，放置 1 个月后，用 3 号玻璃滤锅过滤，摇匀。

4.17.2 标定

4.17.2.1 测定方法

量取 30.00～35.00 mL 配制好的氯化镁溶液[$c(MgCl_2)=0.1\ mol\cdot L^{-1}$]，加 70 mL 水及 10 mL 氨-氯化铵缓冲溶液甲(pH=10)，加 5 滴铬黑 T 指示液($5\ g\cdot L^{-1}$)，用乙二胺四乙酸二钠标准溶液[$c(EDTA)=0.1\ mol\cdot L^{-1}$]滴定至溶液由紫色变为纯蓝色。同时做空白试验。

4.17.2.2 计算

氯化镁(或硫酸镁)标准溶液浓度按式(24)计算：

$$c(MgCl_2)=(V_1-V_2)\cdot c_1/V \tag{24}$$

式中：$c(MgCl_2)$为氯化镁标准溶液之物质的量浓度，$mol\cdot L^{-1}$；V_1 为乙二胺四乙酸二钠标准溶液之用量，mL；V_2 为空白试验乙二胺四乙酸二钠标准溶液之用量，mL；c_1 为乙二胺四乙酸二钠标准溶液之物质的量浓度，$mol\cdot L^{-1}$；V 为氯化镁溶液之用量，mL。

4.18 硝酸铅标准溶液

$$c[Pb(NO_3)_2]=0.05\ mol\cdot L^{-1}$$

4.18.1 配制

称取 17 g 硝酸铅，溶于 1 000 mL 硝酸溶液(0.5∶999.5)(体积比)中，摇匀。

4.18.2 标定

4.18.2.1 测定方法

量取 30.00～35.00 mL 配制好的硝酸铅溶液 {$c[Pb(NO_3)_2]=0.05\ mol\cdot L^{-1}$}，加 3 mL 冰乙酸及 5 mg 六次甲基四胺，加 70 mL 水及 2 滴二甲酚橙指示液($2\ g\cdot L^{-1}$)，用乙

二胺四乙酸二钠标准溶液[c(EDTA)=0.05 mol·L^{-1}]滴定至溶液呈亮黄色。

4.18.2.2 计算

硝酸铅标准溶液浓度按式(25)计算：

$$c[Pb(NO_3)_2]=V_1\cdot c_1/V \tag{25}$$

式中：$c[Pb(NO_3)_2]$为硝酸铅标准溶液浓度，mol·L^{-1}；V_1 为乙二胺四乙酸二钠标准溶液用量，mL；c_1 为乙二胺四乙酸二钠标准溶液浓度，mol·L^{-1}；V 为硝酸铅溶液用量，mL。

4.19 氯化钠标准溶液

c(NaCl)=0.1 mol·L^{-1}

4.19.1 配制

称取 5.9 g 氯化钠，溶于 1 000 mL 水中，摇匀。

4.19.2 标定

4.19.2.1 测定方法

量取 30.00～35.00 mL 配制好的氯化钠溶液 [c(NaCl)=0.1 mol·L^{-1}]，加 40 mL 水及 10 mL 淀粉溶液(10 g·L^{-1})，用硝酸银标准溶液[$c(AgNO_3)$= 0.1 mol·L^{-1}]滴定。用 216 型银电极作指示电极，用 217 型双盐桥饱和甘汞电极作参比电极。按 GB 9725 中二级微商法之规定确定终点。

4.19.2.2 计算

氯化钠标准溶液浓度按式(26)计算：

$$c(NaCl)=V_1\cdot c_1/V \tag{26}$$

式中：c(NaCl)为氯化钠标准溶液之物质的量浓度，mol·L^{-1}；V_1 为硝酸银标准溶液之用量，mL；c_1 为硝酸银标准溶液之物质的量浓度，mol·L^{-1}；V 为氯化钠溶液之用量，mL。

4.20 硫氰酸钠(硫氰酸钾)标准溶液

c(NaCNS)= 0.1 mol·L^{-1}

4.20.1 配制

称取 8.2 g 硫氰酸钠(或 9.7 g 硫氰酸钾)溶于 1 000 mL 水中，摇匀。

4.20.2 标定

4.20.2.1 测定方法

称取 0.5 g 于硫酸干燥器中干燥至恒重的基准硝酸银，称准至 0.000 1 g 溶于 100 mL 水中，加 2 mL 硫酸铁铵指示液(80 g·L^{-1})及 10 mL 硝酸溶液(25%)，在摇动下用配制好的硫氰酸钠(或硫氰酸钾)溶液[c(NaCNS)= 0.1 mol·L^{-1}]滴定。终点前摇动溶液至完全清亮后，继续滴定至溶液所呈浅棕红色保持 30 s。

4.20.2.2 计算

硫氰酸钠(硫氰酸钾)标准溶液浓度按式(27)计算：

$$c(NaCNS)=m/(V\times 0.169\,9) \tag{27}$$

式中：$c(NaCNS)$为硫氰酸钠标准溶液之物质的量浓度，$mol \cdot L^{-1}$；m 为硝酸银质量，g；V 为硫氰酸钠溶液的用量，mL；0.169 9 为与 1.00 mL 硫氰酸钠标准溶液[$c(NaCNS)=1.000\ mol \cdot L^{-1}$]相当的以克表示的硝酸银的质量。

4.20.3 比较

4.20.3.1 测定方法

量取 30.00～35.00 mL 硝酸银[$c(AgNO_3)=0.1\ mol \cdot L^{-1}$]，加 7 mL 水、1 mL 硫酸铁铵指示液（80 $g \cdot L^{-1}$）及 10 mL 硝酸溶液（25%），在摇动下用配制好的硫氰酸钠（或硫氰酸钾）溶液[$c(NaCNS)=0.1\ mol \cdot L^{-1}$]滴定。终点前摇动溶液至完全清亮后，继续滴定至溶液所呈浅棕红色保持 30 s。

4.20.3.2 计算

硫氰酸钠（硫氰酸钾）标准溶液浓度按式（28）计算：

$$c(NaCNS)=V_1 \cdot c_1/V \tag{28}$$

式中：$c(NaCNS)$为硫氰酸钠标准溶液之物质的量浓度，$mol \cdot L^{-1}$；V_1 为硝酸银标准溶液之用量，mL；c_1 为硝酸银标准溶液之物质的量浓度，$mol \cdot L^{-1}$；V 为硫氰酸钠溶液之用量，mL。

4.21 硝酸银标准溶液

$$c(AgNO_3)=0.1\ mol \cdot L^{-1}$$

4.21.1 配制

称取 17.5 g 硝酸银，溶于 1 000 mL 水中，摇匀。溶液保存于棕色瓶中。

4.21.2 标定

4.21.2.1 测定方法

称取 0.2 g 于 500～600℃烧至恒重的基准氯化钠，称准至 0.000 1 g。溶于 70 mL 水中，加 10 mL 淀粉溶液（10 $g \cdot L^{-1}$），用配制好的硝酸银溶液[$c(AgNO_3)=0.1\ mol \cdot L^{-1}$]滴定。用 216 型银电极作指示电极，用 217 型双盐桥饱和甘汞电极作参比电极。按 GB 9725 中二级微商法之规定确定终点。

4.21.2.2 计算

硝酸银标准溶液浓度按式（29）计算：

$$c(AgNO_3)=m/(V\times 0.058\ 44) \tag{29}$$

式中：$c(AgNO_3)$为硝酸银标准溶液之物质的量浓度，$mol \cdot L^{-1}$；m 为氯化钠质量，g；V 为硝酸银溶液的用量，mL；0.058 44 为与 1.00 mL 硝酸银标准溶液[$c(AgNO_3)=1.000\ mol \cdot L^{-1}$]相当的以克表示的氯化钠质量。

4.21.3 比较

4.21.3.1 测定方法

量取 30.00～35.00 mL 配制好的硝酸银溶液[$c(AgNO_3)=0.1\ mol \cdot L^{-1}$]，加 40 mL 水、1 mL 硝酸，用硫氰酸钾标准溶液[$c(KCNS)=0.1\ mol \cdot L^{-1}$]滴定。用 216 型银电极作指示电极，用 217 型双盐桥饱和甘汞电极作参比电极。按 GB 9725 中二级微商法之规定确定终点。

4.21.3.2 计算

硝酸银标准溶液浓度按式(30)计算：

$$c(AgNO_3)= V_1 \cdot c_1/V \tag{30}$$

式中：$c(AgNO_3)$为硝酸银标准溶液之物质的量浓度，mol·L^{-1}；V_1 为硫氰酸钾标准溶液之用量，mL；c_1 为硫氰酸钾标准溶液之物质的量浓度，mol·L^{-1}；V 为硝酸银溶液之用量，mL。

4.22 亚硝酸钠标准溶液

$c(NaNO_2)=0.5$ mol·L^{-1}

$c(NaNO_2)=0.1$ mol·L^{-1}

4.22.1 配制

称取下述规定量的亚硝酸钠、氢氧化钠及无水碳酸钠，溶于 1 000 mL 水中，摇匀。

$c(NaNO_2)$/ mol·L^{-1}	亚硝酸钠/g	氢氧化钠/g	无水碳酸钠/g
0.5	36	0.5	1
0.1	7.2	0.1	0.2

4.22.2 标定

4.22.2.1 测定方法

称取下述规定量的于 120℃烘至恒重的基准无水对氨基苯磺酸，称准至 0.000 1 g。加下述规定体积的水溶解，加 200 mL 水及 20 mL 盐酸，按永停滴定法安装好电极和测量仪表(见附图 1)。将装有配制好的亚硝酸钠溶液的滴管下口插入溶液内约 10 mm 处，在搅拌下于 15～20℃进行滴定，近终点时，将滴管的尖端提出液面，用少量水淋洗尖端，洗液并入溶液中，继续慢慢滴定，并观察检流计读数和指针偏转情况，直至加入滴定液搅拌后电流突增，并不再回复时为滴定终点。

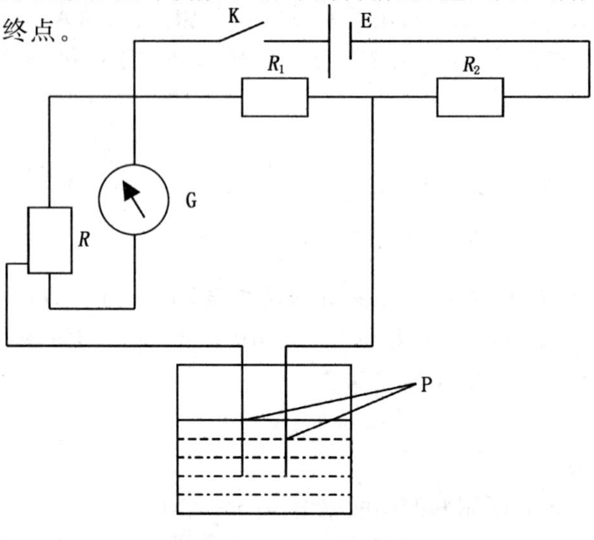

附图 1 测定仪表安装示意图

R：电阻，其电阻值与检流计临界阻尼电阻值近似；R_1：电阻，60～70 Ω(或用可变电阻)，使加于二电极上的电压约为 50 mV；R_2：电阻，2 000 Ω；E：1.5 V 干电池；K：开关；G：检流计，灵敏度为 10^{-9} A/格；P：铂电极。

$c(NaNO_2)$/ mol · L^{-1}	基准无水对氨基苯磺酸/g	氨水/mL
0.5	2.5	3
0.1	0.5	2

4.22.2.2 计算

亚硝酸钠标准溶液浓度按式(31)计算：

$$c(NaNO_2)=m/(V\times 0.1732) \quad (31)$$

式中：$c(NaNO_2)$为亚硝酸钠标准溶液之物质的量的浓度，mol · L^{-1}；m 为无水对氨基苯磺酸质量，g；V 为亚硝酸钠溶液之用量，mL；0.173 2 为 1.00 mL 亚硝酸钠标准溶液[$c(NaNO_2)=1.000$ mol · L^{-1}]相当的以克表示的无水对氨基苯磺酸的质量。

注：本标准溶液使用前标定。

4.23 高氯酸标准溶液

$c(HClO_4)=0.1$ mol · L^{-1}

4.23.1 配制

量取 8.5 mL 高氯酸，在搅拌下注入 500 mL 冰乙酸中，混匀。在室温下滴加 20 mL 乙酸酐，搅拌至溶液均匀。冷却后用冰乙酸稀释至 1 000 mL，摇匀。

4.23.2 标定

4.23.2.1 测定方法

称取 0.6 g 于 105～110℃烘至恒重的基准邻苯二甲酸氢钾，称准至 0.000 1 g。置于干锥瓶中，加入 50 mL 冰乙酸，温热溶解。加 2～3 滴结晶紫指示液(5 g · L^{-1})，用配制好的高氯酸溶液[$c(HClO_4)=0.1$ mol · L^{-1}]滴定至溶液由紫色变为蓝色(微带紫色)。

4.23.2.2 计算

高氯酸标准溶液浓度按式(32)计算：

$$c(HClO_4)=m/(V\times 0.2042) \quad (32)$$

式中：$c(HClO_4)$为高氯酸标准溶液之物质的量的浓度，mol · L^{-1}；m 为邻苯二甲酸氢钾质量，g；V 为高氯酸溶液之用量，mL；0.204 2 为 1.00 mL 高氯酸标准溶液[$c(HClO_4)=1.000$ mol · L^{-1}]相当的以克表示的邻苯二甲酸氢钾的质量。

注：本溶液使用前标定。标定高氯酸标准溶液时的温度应于使用该标准溶液滴定时温度相同。

参考文献

1. 杭州大学化学系分析化学教研室. 分析化学手册(第二册). 北京:化学工业出版社,1997
2. 饲料工业标准汇编(上). 中国标准出版社,1996
3. 食品卫生理化检验标准手册. 北京:中国标准出版社,1997
4. 杨凤. 动物营养学. 2 版. 北京:中国农业出版社,2001
5. 夏玉宇. 朱丹. 饲料质量分析检验. 北京:化学工业出版社,1991
6. 顾君华. 饲料分析. 北京:学术书刊出版社,1990
7. 周安国. 饲料手册. 北京:中国农业出版社,2002
8. 宁开桂. 实用用饲料分析手册. 北京:中国农业科技出版社,1993
9. 朱燕,夏玉宇. 饲料品质检验. 北京:化学工业出版社,2003
10. 鲍式旦. 土壤农化分析. 3 版. 北京:中国农业出版社,2000
11. 黄泽元. 配合饲料及饲料检验,武汉:武汉大学出版社,1990
12. 成恒嵩,杨智力,宓晓黎,等. 饲料分析实用手册. 南京:江苏科学技术出版社,1993
13. 陈喜斌. 饲料学. 北京:科学出版社,2002
14. 王加启,于建国. 饲料分析检验,北京:中国计量出版社,2003
15. 佟建明. 实用饲料检验手册. 北京:中国农业大学出版社,2000
16. 江西农业大学,安徽农业大学合编. 定量分析化学. 南昌:江西高校出版社,1995
17. 北京农业大学主编. 家畜饲养实验指导. 北京:农业出版社,1979
18. 北京农业大学,西北农业大学等编著. 定量分析. 上海:上海科学技术出版社,1978
19. 胡坚. 动物饲养学实验指导. 吉林:吉林科学技术出版社,1994
20. 杨胜主编. 饲料分析及饲料质量检测技术. 北京:北京农业大学出版社,1996
21. 宋代军主编. 生物统计附实验设计. 北京:中国农业出版社,2001
22. 张宏福,张子仪主编. 动物营养需要与饲养标准. 北京:中国农业出版社,1998
23. 张丽英主编. 饲料分析及饲料质量检测技术. 北京:中国农业大学出版社,2003
24. 冯仰廉. 反刍动物营养学. 北京:科学出版社,2004
25. 卢德勋,谢崇文. 现代反刍动物营养研究方法和技术. 北京:农业出版社,1991
26. 中国饲料工业协会中国农业科学院饲料研究所主编. 饲料生物学评定技术. 北京:中国农业科技出版社,1996
27. 张铁鹰. 汪儆. 单胃动物体外消化模拟技术研究进展. 动物营养学报. 2005,2(17):1～8
28. 张勤,张启能主编. 生物统计学. 北京:中国农业大学出版社,2002
29. 道明绪主编. 生物统计附试验设计. 北京:中国农业出版社,2002
30. 程瑞仪,杨茅程主编. 家禽生物统计方法. 南京:江苏科学技术出版社,1986
31. 国家药典委员会. 中华人民共和国药典[M]. 北京:化学工业出版社,2005
32. 农业部畜牧兽医局(全国饲料工作办公室). 饲料工业标准汇编 [M]. 北京:中国标准出版社,2002
33. 张子仪主编. 中国饲料学. 北京:中国农业出版社,2000

34. 杨诗兴,张子仪,王和民,等. 饲料营养价值评定方法. 兰州:甘肃人民出版社,1982
35. 王和民,张子仪主编. 畜禽饲养. 合肥:安徽科学技术出版社,1987
36. 谯仕彦,李德发,等. 活动尼龙袋技术测定猪饲料养分消化率的方法学改进. 动物营养学报. 2002,14(1)

图书在版编目(CIP)数据

动物营养学实验教程/袁缨主编．—北京：中国农业大学出版社，2006.8(2023.10 重印)
ISBN 978-7-81117-030-6

Ⅰ．动…　Ⅱ．袁…　Ⅲ．动物营养-营养学-实验-教材　Ⅳ．S816-33

中国版本图书馆 CIP 数据核字(2006)第 043511 号

书　　名　动物营养学实验教程
Dongwu Yingyangxue Shiyan Jiaocheng

作　　者　袁缨　主编

策划编辑　张　程　潘晓丽　　　**责任编辑**　陈巧莲　陆　强
封面设计　郑　川　李尘工作室　　　**责任校对**　陈　莹　王晓凤
出版发行　中国农业大学出版社
社　　址　北京市海淀区圆明园西路 2 号　　　**邮政编码**　100193
电　　话　发行部 010-62813489，1190　　　读者服务部 010-62732336
编辑部 010-62732617，2618　　　出　版　部 010-62733440
网　　址　http://www.caupress.cn　　　**E-mail** cbsszs @ cau.edu.cn
经　　销　新华书店
印　　刷　北京溢漾印刷有限公司
版　　次　2006 年 8 月第 1 版　　2023 年 10 月第 10 次印刷
规　　格　185 mm×260 mm　　16 开本　　10.75 印张　　194 千字
定　　价　30.00 元